乡村振兴战略之乡村人才振兴

农业
职业经理人

张 琳 邹琴琴 郑霞娟 主编

U0306558

中国农业科学技术出版社

图书在版编目（CIP）数据

农业职业经理人／张琳，邹琴琴，郑霞娟主编. —北京：中国农业科学技术出版社，2018.10

ISBN 978-7-5116-3871-7

Ⅰ. ①农… Ⅱ. ①张…②邹…③郑… Ⅲ. ①农业经济管理-技术培训-教材 Ⅳ. ①F302

中国版本图书馆 CIP 数据核字（2018）第 202131 号

责任编辑　崔改泵
责任校对　贾海霞

出 版 者　中国农业科学技术出版社
　　　　　北京市中关村南大街 12 号　邮编：100081
电　　话　(010)82109194(编辑室)　(010)82109702(发行部)
　　　　　(010)82109709(读者服务部)
传　　真　(010)82106650
网　　址　http://www.castp.cn
经 销 者　各地新华书店
印 刷 者　北京建宏印刷有限公司
开　　本　880mm×1 230mm　1/32
印　　张　5.75
字　　数　154 千字
版　　次　2018 年 10 月第 1 版　2020 年 1 月第 3 次印刷
定　　价　32.00 元

前　言

　　农业职业经理人属于经营型新型职业农民，是指运营掌控农业生产经营所需的资源、资本，在为农民专业合作社、农业企业或业主谋求最大限度经济效益的同时，从中获得佣金或红利的农业技能人才。他们不但熟悉农业，更重要的是懂经营、善管理，具有较高的职业素养，是新型职业农民队伍中的"白领"，在现代农业经营管理中发挥着越来越重要的作用。

　　本书以能力本位教育为核心，语言通俗易懂，简明扼要，注重实际操作。主要介绍了农业职业经理人的素质提升、农业职业经理人基本技能技巧以及农业职业经理人如何做好现代农业、用好农业产业政策等方面内容。本书可作为有关人员的培训教材使用。

　　本书如有疏漏之处，敬请广大读者批评指正。

编　者

目　　录

第一章 农业职业经理人的素质提升

农业职业经理人是指运营掌握农业生产经营所需的资源、资本，在为农民专业合作组织、农业企业或业主谋求最大限度经济效益的同时，从中获得佣金或红利的农业技能人才。农业职业经理人与农村经纪人的职能既有区别也有联系，农业职业经理人的范畴更大，农业职业经理人不仅可能参与到农产品销售中，而且有些管理与服务已深入农业生产环节。

现代市场经济不仅要求经济活动应当遵循市场经济规则来进行，而且还要求市场参与者和行为人应当具备相应的基本条件。

第一节 农业职业经理人的基本能力要求

农业职业经理人需要针对所从事的农业分类具备不同的专业知识与管理知识。例如大田管理与设施蔬菜管理、牧场与集约化养殖场管理，都需要不同的知识，以下只介绍通用的能力要求。

农业职业经理人除了基本的农业专业职业素质外，还需要具备一些基本的交际、沟通、调研等方面的能力，包括观察能力、电脑操作能力、市场调研能力、写作能力、社交能力、应变能力、谈判能力、产品质量辨识能力等。这些能力的有机结合和运用，是农业职业经理人提高农业生产效率的根本保障。

一、观察能力

农业职业经理人要在复杂的市场环境中求得生存与发展，就必须有锐利的目光和敏捷的思维，能拨开纷乱无序的现象，抓住事物的本质。既要观察市场的变化，也要了解具体农产品的生产过程、外观、性状等指标，一眼能看出产品优劣、服务质量的好坏，也能立刻找出问题症结所在，并时刻培养这种能力，做到眼睛勤看，头脑多想，心中善记；客观、及时、准确、全面、周密地去观察。只有这样，才能做出正确的决策。

第一，农业职业经理人要培养勤于观察的习惯，更多、更及时地发现新信息，机会往往稍纵即逝，只有勤于观察，才能及时发现，才能不失时机地做好农业工作。第二，要注重细节，对人对事细致入微，不放过任何一条有价值的信息，不忽视任何与农业业务有关的小事，逐步培养起敏锐的观察能力。第三，农业职业经理人要能够正确观察，农业气象和农业相关市场变幻莫测，许多事物往往有两面性，并且不断发展变化，所以要多方位全面观察问题，辩证地看问题，防止片面或静止地看问题，以免造成判断失误或贻误战机。第四，农业职业经理人还要注意观察的客观性、目的性和典型性，并要按计划、有步骤、有顺序进行系统性的观察，做到全面、周密、严谨、细致，才能摸清农业相关市场。

二、电脑操作能力

电脑已成为一种工具，在生产生活中发挥着广泛的作用。熟练掌握电脑的操作，工作效率将会成倍增长，跨国公司的总经理坐在办公室里，利用电脑几秒钟内便可以通过信息管理系统搜索到世界行情。在未来社会里，不懂电脑，将被视为现代社会的新文盲。对农业职业经理人来说，具备一定的计算机知识是必不可少的。利用计算机及其网络可以获得国内外各种农业相关信息。不懂计算机，不会操作计算机，就好比是失去了得力的劳动工具，开展工作会变得十分困难。现在网络资源丰富，平时也要多浏览相关农业网站，有些专业 APP 也可下载到手机上，方便获取知识与信息。

三、市场调研能力

农业职业经理人要获取市场信息、科技信息和商品信息都需作充分的调查。具体来说，经理人在着手任何一项交易之前，首先要对供方的产品质量、价格、售后服务、信誉保证以及需方的需求项目等进行认真的调查分析，并把这些状况同具有可比性的同类业务进行比较，才可使委托方不至于上当受骗，真正做到公平、互利。调查方法很多，经理人要着重用好资料收集法、个案访谈法、观察法和问卷法等。不管采用哪种方法，经理人都要掌握第一手材料，只有这样，才能在与第三方的洽谈中赢得主动，在供需双方中赢得声望，为以后的成功铺平道路。

四、写作能力

农业职业经理人的一项基本工作就是要根据委托方的意思表示进行经理活动中有关文件的草拟工作。经理人接受委托，从事各种形式的管理和中介活动时，均应签订合同。此外，当经理人成为委托代理人，还要代理委托方签订合同。上述这些工作，都离不开写作。经理人写的都是具有法律效力的文书，选词用字必须严谨，以免产生合同纠纷。

五、谈判能力

农业职业经理人在处理各种各样的业务时，要与委托方和第三方产生一系列的谈判活动，如要约、承诺、时间、标的、价格、佣金等。只有通过谈判，甚至是相当持久的谈判才能达成共识，因此，经理人必须具备谈判能力。具体包括较强的语言表达能力，可以完美地阐述自己的观点、立场；较好的沟通协调能力，使谈判双方信息互通、互相理解、关系融洽；敏捷的观察能力，明察秋毫，及时准确地注意到谈判对手的心理变化及意图，及时采取对策；谈判中要有较强的决策能力，权衡利弊，及时对对方的要约进行答复，同时还要保持理智，能取能舍，当断则断。

六、社交能力

社交是农业职业经理人必须掌握的一门艺术和必须具备的能力。一名成功经理人的背后，往往有一个巨大的社会信息联络网。信息网络的有效性，可以说是经理人成功的客观条件。只有广交朋友，才能获得大量的信息，把握住在交往中获利的时机。作为经理人，一定要懂得社交中的各种不同的礼仪、习惯和风俗，树立起自己的社交形象，灵活运用各种社交技巧。

七、应变能力

应变能力对农业职业经理人来说必须具备，政治、社会或自然等因素的变化都会引起生产管理与市场的变化，谁也无法控制自然状况与农产品市场的走势，唯有时刻保持头脑清醒，对每一次变动的冲击做出反应，随机应变，才更易获得成功。在处事待人方面，经理人也要能够随机应变，洞察各类人的心理，根据不同时间、不同地点灵活处理问题，这样才能百战不殆。

八、产品质量辨识能力

面对产品质量日益提高的形势，农业职业经理人无论是开展交易中介，还是产品营销，或是提供生产环节管理服务，都需要把住产品质量关，练就识别产品质量的火眼金睛，从而准确定位产品和市场。第一，鉴别产品的功能是否符合国家或地方性的质量标准；第二，鉴别产品的安全、卫生是否会损害他人生命和财产，是否危害生态环境；第三，鉴别产品和服务的优劣性，防止坑人害己；第四，判断产品的可靠性，包括产品的保质期、寿命期、可储存性、适用性等；第五，根据市场的质量需求，用感官识别产品的质量，并且能正确分类或分级；第六，借助科学手段，正确抽样检查检测。

第二节　农业职业经理人的基本知识要求

一、商贸知识

1. 市场营销知识

研究以满足消费者需要为中心来组织商品生产与服务，从而获得最佳经济效益。市场营销的主要内容有市场调查、市场预测、市场选择、销售策略、对消费者和用户情况的分析等。

（1）市场营销分为宏观和微观两个层次。宏观市场营销是反映社会的经济活动，其目的是满足社会需要，实现社会目标。微观市场营销是一种企业的经济活动过程，它是根据目标顾客的要求，生产适销对路的产品，从生产者流转到目标顾客，其目的在于满足目标顾客的需要，实现企业的目标。

（2）市场营销活动的核心是交换。但其范围不仅限于商品交换的流通过程，而且包括产前和产后的活动。产品的市场营销活动往往比产品的流通过程要长。现代社会的交易范围很广泛，已突破了时间和空间的壁垒，形成了普遍联系的市场体系。

（3）市场营销与推销、销售的含义不同。市场营销包括市场研究、产品开发、定价、促销、服务等一系列经营活动。而推销、销售仅是企业营销活动的一个环节或部分，是市场营销的职能之一，不是最重要的职能。

2. 财务会计知识

农业职业经理人在具体的经理活动中，不仅要核定自己的经营成本、利润等问题，而且还要给交易双方做涉及农产品成本、利润等相应的咨询服务，掌握财务会计知识是必要的。而且，作为经理人来说，学好会计知识，有助于自己理财能力的提高。

3. 经营管理知识

农业职业经理人虽然提供的是中介服务和简单的管理服务，但整个经理活动中蕴涵着丰富的经营管理思想。其工作不是简单地联系农产品供需双方，而是一系列的经营活动。在这个活动中，需要经理人了解市场需求，掌握农产品的采购、销售的若干方法；能根据实际情况对农产品发展趋势做出合理的判断与预测；对农产品生产环节成本做出正确的核算。从经理人本身的发展着眼，如何运作整个经理队伍，同样需要经营管理知识的帮助。

4. 地理状况知识

农业生产地域性很强，不同地区生产的性状与产品质量不同，而且我国幅员辽阔，农产品种类丰富多样。作为农业职业经理人，应该对农产品的分布概况、具体产地、交通状况等基本地理知识了如指掌。必要的时候，还要对国外相关的农产品分布情况加以了解和熟悉，以扩大销售空间。

5. 信息技术应用知识

在信息社会，熟练地运用获取信息的工具是很重要的。农业职业经理人通常居住乡村，信息传递时常有一定的困难。所以，经理人必须要克服不利的客观条件，不断学习掌握现代信息技术知识及手段，使自己在最有利的时间内掌握最新的信息，这样，才可能走在市场的前面。

6. 市场行情知识

这是分析和预测市场行情发展变化的新兴学科。主要内容有行情的性质、特征发展规律、行情的周期波动和非周期波动、预测事情发展趋势的策略与方法。

7. 商品技术知识

这是商品学与多种科学技术交叉的边缘学科，它从技术角度研究商品的使用价值及其价值。主要内容有商品质量、商品的化学成分、商品的机械性质、商品标准、商品分类、商品鉴定、商品包装、商品运输、商品养护等。

8. 国际贸易知识

国际中介服务是未来农业职业经理人业务的重点领域。经理人不仅要当好国内供需双方的中介，更要把眼光瞄准国际市场，把经理业务打入国际市场。而这一切的前提必须是有大量的国际贸易和国际金融等涉外经贸知识。尤其是随着我国对外开放程度的进一步提高，我国和国际经济合作交流逐步扩大，开发涉外经理业务就显得越来越重要。如果没有涉外经济、涉外贸易方面的专门知识，就会寸步难行。

国际贸易学主要研究国际贸易基本理论和基础知识，分析当代国际贸易的重要问题和趋势。其主要内容有国际贸易的产生、地位和作用；国际分工；世界市场；国际价值与国际市场价格；国际服务贸易；跨国公司贸易；国际贸易政策；关税措施与非关税壁垒；贸易条约与协定；关税与贸易总协定等。

9. 国际金融知识

研究国际金融理论与实务以及国际金融组织与货币体系。主要内容有国际收支、国际储备、外汇汇率、外汇管理、国际信息、国际租赁、国际金融组织等。

另外，作为农业职业经理人，还应根据本行业经理项目的特点，了解相关的安全卫生知识。使自己经理的农产品符合食用、使用的标准；能正确地运用相关的工具，防止意外事故的发生。

二、农产品知识

农业职业经理人的业务是围绕农产品而展开的，农产品不同于一般商品，其经济活动也不同于一般商品的经济活动。一名合格的农业职业经理人，必须懂得有关农产品的基本知识。

1. 农产品的分类、特征

农产品包括农、林、牧、渔、副各业生产活动所获得的各种产品。如果按产品的直接用途来划分，可分为两大类：直接消费品和工业原料。其中有许多农产品既是直接消费品，又可作为工业原料。

农产品的特征主要表现在：

（1）农产品商品品种、数量的多样性。农产品是重复生产、批量生产的，同一时期多家企业或农户等可以生产同一产品，它具有同一性和横向可比性。

（2）农产品上市季节性强，而消费则比较均衡。农业生产有较强的季节性，农产品收获季节也极为集中，从而使农产品收购活动有明显的淡季和旺季之分，必须在特定季节集中人力、物力、财力组织收购工作，否则将会降低商品质量，造成商品资源浪费。但是，农产品消费比较均衡，为了保证供应，必须大力做好仓储保管工作。

（3）农产品上市极为分散，而消费则相对集中。农产品生产分散在广大农村，生产单位数以千万，而消费地集中在城镇或工矿区，直接供应给城镇居民生活消费和工厂加工。因此，农产品流转方向是由分散到集中，由农村到城镇。要把分散在广大农村和农民手中的农产品集中起来，再供应到城镇消费者手中需要有大量分散在农村的收购网点和人员，并要做好极其繁重的集运工作。

（4）农产品上市数量和质量不稳定，年际间、地区间波动大。由于受自然条件的影响，农业生产时丰时歉，有些野生植物原料还受大、小年的影响，质量也有明显差异，使农产品贸易在年际间、地区间波动大。要做好贸易工作，必须注意产需平衡、留有余地，搞好安全储备。

（5）经营技术性强。农产品经营技术性强，主要表现在两个方面：一是商品品种繁多、等级规格复杂，加之大多数农产品商品没有统一的质量规格标准，分等定级难度大，需要经营者具备丰富的经验和专门知识。二是农产品中，鲜活商品、易腐商品多，运输路程远，在经营过程中需要进行特殊的养护，具备特殊的储存和运输设备。

（6）市场制约因素多。农产品既是人民基本生活消费品，又是重要的工业原料，还是农业生产资料，其经营活动不仅受市场供求关系、价格变化的影响，还受人民生活水平、消费习惯和国家政策的影响。从事农产品贸易活动，不仅要研究市场供求关系，积极参与市场竞争，还必须树立政策观念、全局观念。

2. 农产品的标准

农产品标准是对农产品的质量、规格以及与质量有关的各个方面所做的技术规定和准则。在进行农产品收购、调拨、储运以及销售的整个商品化过程中，应当严格执行国家对农产品制定的质量、规格标准。农产品标准包括质量标准、环境标准、卫生标准、包装标准、储藏运输标准、生产技术标准、添加剂的使用标准、农产品中黄曲霉素的允许量标准、农药残留量标准等。农产品标准将会随着科技的进步和市场需求的变化不断增删，不断完善。

我国将农产品大致分为普通农产品、绿色农产品、无公害农产品和有机农产品。不同农产品的生产标准各不相同。

（1）普通农产品。

①说明标准适用的对象。即该标准应用于什么农产品，采用的是什么工艺、分类、等级，有的还指出这种农产品的用途或使用范围。

②规定农产品的质量指标及各种具体质量要求。质量是评价农产品优劣的尺度，这是标准的中心内容，包括技术要求、感观指标、理化指标等项目。技术要求一般是对农产品加工方法、工艺、操作条件、卫生条件等方面的规定。感官指标是指以人的口、鼻、目、手等感官鉴定的质量指标。在农产品检验中使用十分广泛，其优点是快速简便，有一定准确性，无需专门仪器、设备，对于农产品的新鲜度、成熟度、色香味的判断具有使用价值。理化指标包括农产品的化学成分、化学性质、物理性质等质量指标。其测定需要利用各种仪器设备、器械和化学试剂来鉴定农产品的质量。它与感官检验法比较，结果较准确，能用具体数值表示，并且可用以测定农产品的成分、结构和性质。许多农产品还规定了微生物学指标及无毒害性指标。品质优良的农产品应该具有良好的食用品质和商品价值。食用品质一般包括新鲜度、成熟度、色泽、芳香、风味、质地以及内含营养成分等指标，作为加工原料的农产品，其质量要求除了上述有关指标外还有关于含水量、含杂量、加工适应性、有效成分含量等要求。

③规定抽样和检验的方法。抽样方法的内容包括每批农产品应抽检的百分率、抽样方法和数量、抽样的工具等。检验方法是针对具体的指标，规定检验的仪器及规格、试剂种类及规格、配制方法、检验的操作程序、结果的计算等。

④规定农产品的包装、标志，以及保管、运输、交接验收条件、有效期等。由于大多数农产品是人们日常生活必不可少的主要食品，为了保障人民群众的身体健康，必须坚决贯彻执行国家《食品卫生法》的规定。即禁止生产、经营腐败变质、

油脂酸败、霉变、生虫、污秽不洁、混有异物或者其他感观性状异常而可能对人体健康有害的食品；禁止生产经营含有有毒有害物质或者被有毒有害物质污染而可能对人体健康有害的食品。

（2）绿色农产品。绿色农产品是遵循可持续发展原则，按照特定生产方式生产，经专门机构认证、许可使用绿色农产品食品标志的无污染的农产品。

①绿色农产品标准的概念。绿色农产品标准是应用科学技术原理，结合绿色食品实践，借鉴国内外相关标准所制定的，在绿色农产品生产中必须遵守，绿色农产品食品质量认证时必须依据的技术性文件。对经认证的绿色农产品生产企业来说，是强制性国家行业标准，必须严格执行。

②绿色农产品标准的构成。主要包括绿色农产品产地的环境标准，即《绿色食品产地环境质量标准》《绿色农产品生产技术标准》《绿色农产品产品标准》《绿色农产品包装标准》《绿色农产品储藏运输标准》等。

（3）有机农产品。有机农产品是根据有机农业原则和有机农产品生产方式及标准生产、加工出来的，并通过有机食品认证机构认证的农产品。它的原则是，在农业能量的封闭循环状态下生产，全部过程都利用农业资源，而不是利用农业以外的能源（如化肥、农药、生产调节剂和添加剂等）影响和改变农业的能量循环。有机农业生产方式是利用动物、植物、微生物和土壤四种生产因素的有效循环，不打破生物循环链的生产方式，是纯天然、无污染、安全营养的食品，也可称为"生态食品"。

（4）无公害农产品。无公害农产品是产地环境、生产过程和产品质量均符合国家有关标准和规范的要求，经认证合格获得认证证书，并允许使用无公害农产品标志的未经加工或者初加工的农产品。无公害农产品执行的是国家质检总局发布的强制性标准及农业部发布的行业标准。产品标准、环境标准和生产资料使用准则为强制性国家或行业标准，生产操作规程为推荐性行业标准。目前，国家质检总局和国家标准委已发布了四类无公害农产品的 8 个强制性国家标准，农业部发布了 200 余项行业标准。

3. 农产品的分级

农产品分级是指按农产品商品质量的高低划分商品等级。它是生产者能否将产品投入市场的重要依据，也是经营者便于质量比较和定价的基础。

农产品一般分成特级、一级和二级共三个等级，按产品的健全度、硬度、整洁度、大小、重量、色泽、形状、成熟度、杂质率、病虫害和机械损伤程度等定出各等级的标准。特级的要求最高，产品应具有本品种特有的形状和色泽，不存在影响产品特有的质地、风味的内部缺陷，大小粗细长短一致，在包装内产品排列整齐，允许各分级项目的总误差不超过 5%。一级农产品的质量要求大致与特级品相似，允许个别产品在形状和色泽上稍有缺陷，并允许存在较小的外观和耐贮藏性的外部缺陷，允许总误差为 10%。二级农产品可以有某些外表或内部缺点，该级产品只适用于就地销售或短距离运输。

（1）粮食的分级。粮食的原始品质主要决定于粮食品种、完善粒状态、杂质和水分。不同的品种由于其成分、品质、用途不同。即使是同一品种，由于不完善粒及杂质的比例不同，其耐储性能及加工出的产品质量也不同。因此，为了保障加工产品质量的一致性和更好地进行粮食营销，有必要对收购的粮食进行分级分等，分别管理。不同粮食品种分级依据不同。

（2）果蔬的分级。果蔬的分级方法有人工操作和机械操作两种。目前我国普遍采用的是人工分级。

①人工分级。人工分级有两种：一是单凭人的视觉判断，按果蔬的颜色、大小将产品分为若干级。用这种方法分级的产

品，容易受心理因素的影响，往往偏差较大。二是用选果板分级，选果板上有一系列直径大小不同的孔，根据果实横径和着色面积的不同进行分级。这种方法分级的产品，同一级别果实的大小基本一致，偏差较小。人工分级能最大限度地减轻果蔬的机械损伤，但工作效率低，级别标准有时不严格。

②机械分级。采用机械分级，不仅能够消除人为的心理因素的影响，更重要的是显著提高工作效率。各种选果机械都是根据果实直径大小进行形状选果，或者根据果蔬的不同质量进行的质量上的选果，或是按颜色分选而设计制造的。

我国目前果蔬的商品化处理与发达国家相比差距甚远，只在少数外销商品基地才有选果设备，绝大部分地区使用简单的工具，按大小或质量人工分级，逐个挑选、包装，工作效率低。而有些内销的产品甚至不进行分级。水果分级标准因种类、品种而异。我国目前的做法是在果形、新鲜度、颜色、品质、病虫害和机械伤等方面已符合要求的基础上再按大小进行手工分级，即根据果实横径的最大部分直径，分为若干等级。经分级后的果蔬商品，大小一致，规格统一，优劣分开，从而提高了商品价值，降低了储藏与运输过程中的损耗。

（3）绿色农产品的分级。

①A级绿色农产品标准要求。生产地的环境质量符合《绿色食品产地环境质量标准》，生产过程中严格按绿色食品生产资料使用准则和生产操作规程要求，限量使用限定的化学合成生产资料，并积极采用生物学技术和物理方法，保证产品质量符合绿色食品产品标准要求。与无公害农产品标准类似。

②AA级绿色农产品标准要求。生产地的环境质量符合《绿色食品产地环境质量标准》，生产过程中不使用化学合成的农药、肥料、食品添加剂、饲料添加剂、兽药及有害于环境和人体健康的生产资料，而是通过使用有机肥、种植绿肥、作物轮作、生物或物理方法等技术，培肥土壤、控制病虫草害、保护

提高农产品品质，从而保证产品质量符合绿色食品产品标准要求。相当于有机食品标准。

三、法律知识

依法办事是这个时代的必然要求，在社会生活的许多领域，都有法律规范去约束和调整人们的行为。在经济生活中也是如此。从事经理活动，要明确业主与经理人的权利和义务，维护自己的合法权益，经理人必须掌握一定的法律知识，签订的各种合同要规范，否则，将寸步难行，劳而无功，甚至倒贴一把。经理人应掌握以下几个方面的法律知识。

（1）民法。民法是调整平等主体之间，即公民之间、法人之间以及他们相互之间一定范围的财产、人身关系的法律规范的总称。民法不是调整财产关系的全部，而是调整其中的财产所有关系和财产流转关系，并以平等、有偿为原则，对民事行为、代理、民事纠纷等作出的相关规定。

（2）合同法。合同法对合同的订立、履行、变更、解除和纠纷等作了规定，经理合同是经理人应了解的重点法律知识。

（3）税法。税法是由国家制定的调整国家与纳税人之间征收和缴纳税款为内容的行为规范，是国家各种税收法律、法令的总称。税法的基本内容有纳税对象、纳税主体、税率、减税免税、违法处理等。

（4）国际商法。主要内容包括合同法、买卖法、产品责任法、代理法、商事组织法、票据法等。

（5）专利法。专利是专利权的简称，是指国家专利机关根据发明人的申请，依法批准授予发明人在一定期限内对发明成果所享有的专利权。《专利法》的主要内容有专利权人、专利应具备的条件、我国主管专利工作的机关、确定申请专利的日期、专利期限等。

（6）经理人管理办法。要熟知经理人的权利和应遵守的规则、行为。

另外，随着市场经济的发展，为规定经理人的行为而制定的法律规范会逐渐制订产生，如《证券交易法》《交易所法》《房地产投资与交易法》《反不正当竞争法》《私营经济法》《经理人管理办法》等法律法规将逐步出台，经理人都应该掌握与精通。具体的法律知识，我们将在第六章作专门介绍。

四、心理学知识

心理学是研究人的心理规律，包括认识、情感、意志等心理过程以及能力、性格等心理特征规律的科学。经理人要掌握一定的心理知识，丰富对人的本质的全面理解，以便形成准确的心理判断能力，恰如其分地揣摩购销双方的意图，形成较好的谈判技巧，排除谈判过程中遇到的障碍，提高经理业务的效率。

五、发票知识

农业职业经理人在使用农产品统一收购发票时，需要了解《中华人民共和国发票管理办法》及其《实施细则》，该内容对有关免税农业产品以及农业产品统一收购发票（以下简称收购发票）领购、开具、使用等，都有着比较严格而具体的规定。例如，收购发票的使用范围仅限于收购农业生产者销售的自产免税农业产品，且仅限于小辖区范围内使用，不得携带外出使用，如确需外出收购，需开具发票，按有关规定办理；又如，收购发票必须是逐笔开具，不得汇总开具，收购发票必须按号码顺序使用，出售人的详细地址（详至村组）、身份证号码、开票人等内容填写齐全真实；再如，收购外地人送上门的货物，必须有对方税务机关出具的《自产自销证明单》；收购金额超过1 000元的必须通过现金支票支付，并将出售人身份证复印件、过磅单、入库单粘贴在收购发票的记账联后等。

第三节　农业职业经理人应具备的素养

一、农业职业经理人的基本素质要求

农业职业经理人是市场经济的产物，他们迎合了农村、农业和农民的发展需求，利用自己信息灵通、服务优质、信誉良好等优势，在生产厂商和农村之间筑起了沟通的桥梁。农业职业经理人的内在素质在很大程度上影响着其业绩的发展，因此，必须不断提高自身的素质，使自己的经理活动建立在更为合理和科学的基础之上。

（一）思想素质

思想素质包括政治素质和职业道德素质。

1. 政治素质

在社会主义市场经济体制下，农业职业经理人是为发展农村经济和提高农民收入服务的。作为经理人来讲，必须有较高的政治思想觉悟，正确领会和贯彻党和国家的各项方针政策，树立依法经营的观念，有强烈的时代感和责任心，使自己成为一个有理想、有道德、有文化、有纪律的新型农业职业经理人。

2. 职业道德素质

（1）诚实信用。这是农业职业经理人应当具备的商业道德，只有诚实信用才能赢得客户的信任，继而赢得了业务。为此，经理人在进行经理活动时，要以实事求是的精神和科学的态度，向客户客观地介绍自己，不隐瞒、不夸大，并对经理的商品或服务及佣金明码标价，同时要考虑到受让方是否有接受的条件和能力；要保证服务质量；不与他人恶意串通，损害第三方尤其是农民的合法权益。

（2）维护客户利益。成功的经理人，要为委托双方的利益着想，站在委托双方的立场上，通过自己领先的信息渠道、丰富的交易经验、准确的判断以及熟练的交易技巧，尽量减少交易风险，增加盈利，提高交易的成功率。同时，为客户提供及时、准确的购销进展信息及咨询。对于某些坑害客户的现象（如有些没有职业道德的经理人在报纸、网络上发布假消息以吸引顾客）或对客户的态度极其冷淡的现象都要坚决避免。此外，在经理活动中，要忠实于委托人的利益，恪守客户委托事项及有关的合同秘密；妥善保管当事人交付的样品、保证金、预付款等财物；如实记录经理业务情况，并按照有关规定保存原始凭证、业务记录、账簿和经理合同等资料。

（3）依法经理。农业职业经理人的服务，涉及许多政策和法律规定。这就要求经理人必须懂法、守法，遵循诚实守信的原则，并逐渐将法律意识进行自觉内化。比如一个司机只有在有交通警察的监视下，才在红灯前停车，与无论何时何处，只要红灯亮就停车是不同的。前者是压力的依从，后者就是自觉的内化。农业职业经理人，必须要了解国家法律严令禁止的行为，不得危害国家、集体和他人的利益，如收取佣金和费用应当向当事人开具发票，并依法缴纳税费。与此同时还要注意维护自身合法权益。当前关于委托人与经理人之间权利和义务关系方面的法律法规还相当不健全，因而时常发生一些经济纠纷，如有些经理人辛辛苦苦，颇费周折地为购销双方牵了线，最后却被甩掉了。而且发生争议时缺乏有效的解决办法，难以保护委托人或经理人的利益。因此，我们在事前或事后要多咨询律师，经常向他们请教，从而避免一些不必要的失误，并充分利用现有的法律法规，保护自身的合法权益，提高经理能力。

（4）精通业务，讲求实效。农业职业经理人从事业务范畴广泛，因此，必须努力学习经理活动和相关知识，做好中介工作。并在经理活动中，懂得节约，搞好核算，以较少的投入获取较大的经济效益，做到增收、增效。

（5）服务群众，奉献社会。服务群众是农业职业经理人职业道德的基本规范。树立服务意识，只有做好人民公仆，才能做好经理工作。奉献社会是农业职业经理人职业道德的最高体现。他们在经理活动中，不应计较个人得失，要敢于奉献，全心全意为社会作贡献，一心做好本职工作，为社会发展，为农村经济发展贡献力量。

（6）勇于开拓，富于创新。农业职业经理人是我国经济体制改革的产物。目前的实践经验尚不完善，面对这样一个迅速成长、亟待开发、存在诸多困难和不确定因素的市场，需要农业职业经理人有强烈的时代感、责任感，不畏世俗观念，以敏锐的眼光发现机遇，以丰富的经验进行果断地抉择，勇于探索、不怕挫折、开拓创新、积极进取，才能获得成功。

（7）规范操作，保障安全。农业职业经理人在经济活动中，从事农产品收购、加工、储运等业务，涉及食品安全工具及机械设备，操作必须要规范，讲究科学方法，降低事故发生率。同时，农业职业经理人在经理活动中，不仅向交易双方提供符合质量标准的服务或农产品，而且在业务中还涉及用电、防火、防盗、报警、补救等，要做到万无一失。

（8）强化风险意识。农业职业经理人所促成的交易是农业服务和农产品的交易。经理的农业服务质量的好坏也十分关键，如果服务队伍水平较差，造成纠纷，也会造成各方面的损失。由于农产品商品的使用价值，既有直接性也有间接性，使得农产品市场上的风险大大增加，这意味着农业职业经理人要承受较大的风险。因此，强烈的风险意识是农业职业经理人应具备的素质之一。当客户生意受损、不利，大骂经理人时，经理人既要容忍，又必须向客户说明不利或亏损的原因所在，使客户明白交易中的风险，特别是期货交易中的风险是很正常的。

（二）心理素质

1. 自信心强

自信是对经理人职业心理的最基本要求，是对自己所从事职业的认同和热爱，所以，经理人首先应对自己的职业树立荣誉感和自豪感。同时，自信能给对方以信任感。经理人在业务活动中要与各种各样的人打交道，需要说服他人，促成交易，没有一种自信、坚韧的心理素质是很难胜任的。总之，在经理过程中经理人既要谈笑自若，谦恭有加，又要机锋不露，不卑不亢；待人处事注意分寸，既不高傲自大，也不低三下四；既不拘谨腼腆，也不盛气凌人，充分体现出经理人在经营、社交活动中正直、磊落，可亲近但不可侮辱的风范。

2. 心境平静

经理人的心理结构应是平衡的、和谐的，虽然有情绪反应，但不应受消极情绪的影响而使行为失当。尽力保持一种较为平静的心境、清醒的头脑和控制行为的自觉性，让积极情绪居于支配的地位。面对各种意想不到的情况，经理人要能够保持稳定的情绪，不能感情用事。即使是面对敌意和相当不利的场合，也要能控制自我，冷静而礼貌，诚恳而不软弱，耐心而不激化矛盾，做到喜不露形、怒不变色、处事稳定。

3. 热情豁达

经理工作是一项需要付出大量脑力和体力劳动的艰辛工作，并且有一定的风险。一条信息的获得，一笔交易的促成，不可能一蹴而就，往往需要几经反复。它需要经理人的全身心地投入，付出自己的热情与耐心，所以，热情是经理人必备的基本心理素质之一。热情能使人经常处于一种积极、主动的精神状态中，同时，热情的人，更容易被别人所接受，更容易与他人交往，以拓宽自己的信息渠道。

在人际交往过程中，心胸豁达是事业成功的基本保证。既能自我接纳，也能接纳他人，同时也能以诚恳、公正、谦虚和宽厚的态度待人，尊重委托人的权益和意见，在经理业务中以主人翁的精神积极参加各项活动。豁达的心理还可使经理人在紧要时刻保持冷静，迅速总结分析，重新抓住机遇，渡过难关，重获成功。经理人的豁达心态主要表现在对待业务有热心，克服困难有信心，纠正失误有决心，遇到挫折不灰心，面对非议不上心等各个方面。

4. 坚韧不拔

经理活动是比较艰辛和复杂的，要求经理从业人员有顽强的意志和较强的心理承受能力；要求经理人要有百折不挠，不达目的誓不罢休的精神。只要有百分之一的可能，就要有百分之百的努力。对有可能的业务必须持之以恒，绝不轻易放弃。

5. 胆识和冲动

良好的冒险胆量和竞争冲动是一种成熟的心理素质，它并不等于"盲动"，而是以全面掌握有关专业知识和谨慎周密的谈判为基础，比他人抢先得到获取利益的机会。这是每个成功者都必须具备的一种特质。没有竞争，只会让平庸之辈在其位不谋其政，所以有水平、有能力、有才华、想干一番事业的人，会感到竞争的特殊诱惑力。

经理业中存在着多方面的竞争：同行内经理人之间的竞争，客户与经理人间的利益竞争等。经理人要有勇于开拓的精神，要敢为天下先，敢于在竞争中求生存，求发展。

（三）意识素质

1. 市场观念意识

农业职业经理人在促成交易买卖的活动中，不仅要为委托经理的客户赚钱，还要对交易伙伴有利，这就要求他们要有现代市场观念。对市场的需求变化反应敏锐，要善于捕捉和沟通市场信息，了解竞争状况、投入产出状况，能够预见国内、国际市场的变化，利用市场上供求、价格、竞争机制的作用，促成交易。

2. 科技意识

农业职业经理人区别于一般市场经理人的标志，在于农业职业经理人应以科技的运用作为支撑，扩大购销和行纪规模，引进技术，推广技术，增加行纪产品的科技含量。农业职业经理人的科技意识还表现在对科技人才的重视，即善于引进和利用科技人才，或善于与科技部门和科技人才建立合作及协作关系。

3. 信息意识

随着市场经济的发展，科学技术的进步，信息传播的数量和速度不断地加大、加快。广泛地获得信息，从众多的信息中鉴别出有价值的内容，是当务之急。农业职业经理人一方面，要善于主动、及时地捕捉与自己经理的业务相关的或能够为经理活动提供预见性的、指导性意见的信息，如农产品在时间上的限制、地域上的差别、价格上的多变等信息。另一方面，农业职业经理人要在获取一定的信息资料后，学会运用科学的方法，把原始的信息通过归纳、分析、对比、综合等手段，去粗取精，去伪存真，提炼出有价值的信息。此外，农业职业经理人应当建立自己的市场价格行情，买卖客户的信息库，关注市场的行情变化，分析市场的行情趋势，学会运用计算机储存和处理各类准确和有价值的信息，为获得成功交易创造条件。

4. 服务意识

农业职业经理人来自于农民，只有服务好农民，才能扩大业务，才能为农业和农村经济发展作出更大贡献。作为农业职业经理人，应在农业科技的引进中充当领头羊的作用，通过自己的营销与生产服务，带动区域专业化和产业化发展，实现农民增收的目标。

5. 受教育意识

农业职业经理人的受教育水平决定其市场观念和科技意识，这是能否做大做强的内在要素。农业职业经理人的受教育水平可分为先行教育和后行教育。先行教育是指农业职业经理人所受的基础文化教育或专业学习教育；后行教育是指农业职业经理人在开始经理工作后所接受的教育，实际上很多农业职业经理人都是在实践中学习的。通过对相关知识的系统学习，为供需双方提供优质、高效的中介服务。

6. 管理决策意识

农业职业经理人的管理决策水平是其能否做强的决定性因素。其管理决策水平表现在及时根据市场和科技的变化，做出市场经营决策和技术的选择，并善于组织市场协作和科技协作。

7. 公关意识

公关意识是一种综合性的职业素质，其核心就是形象意识。一个好的经理人，也应该是一名好的公关专家，一个经理人或经理公司在社会公众心目中的形象好坏或形象的完美程度，对其目标对象或中介目标的实现有重要影响，有时甚至起着决定性的作用。

公关有两大基本要素：其一是被公众和客户了解和知晓的程度，即"知名度"；其二是被公众和客户赞誉、认可的程度，即"美誉度"。公关的成功正是这二者的完美结合。因此，每个经理人既是经理人又是公关工作者。需要具备端庄大方的仪表风度、较强的语言表达能力、热情开朗的个性。在与农产品商品买卖双方接触过程中注重礼仪，娴熟运用各种公关技巧和处世艺术，广泛沟通农产品交易双方的思想，调解争议，这些对赢得客户的了解、信任、好感与合作有着举足轻重的作用。

（四）身体素质

良好的身体素质是农业职业经理人取得事业成功的又一重

要条件。由于农业职业经理人的经理领域有很强的地域性，经常要走村串户，往返于城乡之间，甚至翻山越岭、跋山涉水，消耗大量的体力和精力。因此，充沛的精力、清醒的头脑、健壮的体质是农业职业经理人必须具备的身体素质。

二、新农业职业经理人应具备的职业道德知识

社会主义社会的各种职业都有其相应的职业行为和准则，《公民道德建设实施纲要》所规定的"爱岗敬业，诚实守信，办事公道，服务群众，奉献社会"的行为规范，是全社会共同的行为规范和准则。这种各行各业共同的行为规范和行为准则，称为社会主义职业道德规范。新农业职业经理人的职业道德规范和行为准则有 5 大条款，10 句话，40 个字，即"爱岗敬业，诚实守信；遵纪守法，办事公道；精通业务，讲求效益；服务群众，奉献社会；规范操作，保障安全"。

（一）爱岗敬业，诚实守信

1. 爱岗敬业

爱岗敬业是职业道德的基础和核心，是社会主义职业道德所倡导的首要规范，是对新农业职业经理人工作态度的一种普遍要求。爱岗是敬业的前提，而要真正爱岗又必须敬业。爱岗和敬业，二者相互联系、相互促进。爱岗敬业是职业道德对新农业职业经理人的基本要求。

（1）爱岗是新农业职业经理人做好本职工作的基础。爱岗就是热爱自己本职工作，是指从业人员能以正确的态度对待自己所从事的职业活动，对自己的工作认识明确、感情真挚。在实际工作过程中，能最大限度地发挥自己的聪明才智，表现出热情积极、勇于探索的创造精神。

职业工作者的才能都不是天生的，都是后天通过努力而得到的。热爱则是最好的老师。一个人只有真正热爱自己所从事

的职业，才能主动、勤奋、自觉地学习本职工作，以及与本职工作相关的各种知识和技能，探索、掌握做好本职工作的规律和方法，才能花气力去培养锻炼从事本职工作的本领，切实把本职工作做好。

热爱本职工作的人，在追求职业目标的过程中，当遇到挫折或失败，定会以对事业炽热追求的精神去克服困难、战胜险阻、摆脱困境。同时，也会在艰难困苦的斗争中，逐步练就坚强的职业道德意志和品格，成为一个具有高尚职业道德品质的职业工作者。

（2）敬业是新农业职业经理人做好工作的必要条件。敬业是指从业人员在特定的社会形态中，认真履行所从事的社会事务，尽职尽责、一丝不苟的行为，以及在职业生活中表现出来的兢兢业业、埋头苦干、任劳任怨的强烈事业心和忘我精神。

敬业是新农业职业经理人对社会和他人履行职业义务的道德责任的基本要求。在社会生活以及任何一种职业活动中，无论是谁，都必然与他人、与社会发生并保持各种联系。由于这些联系，便形成了种种特定关系，又由于这种种特定关系产生出诸多义务。凡与自己本职工作有关的义务就是职业义务。为保持并发展已形成的或将要建立的一系列联系、关系，就必须自觉地担负起对社会、对他人负有的使命、职责和任务。也就是说，必须自觉地履行应尽的职业道德责任。而敬业恰恰是职业道德责任的具体体现。

敬业，要求新农业职业经理人在热爱自己本职工作基础上，无论处在什么样的工作环境中，都能保持乐观向上的心理状态，以饱满、激昂的斗志，善始善终地完成所承担的任务。

敬业，需要新农业职业经理人在从事职业劳动的过程中，不计较个人利害得失，苦干、实干。呕心沥血，锲而不舍。在艰难困苦面前不低头、不退缩，勇往直前，甚至献出自己的生命。忘我献身精神，是在职业生活中履行忠于职守的职业道德规范最为可贵的品质。

总之，爱岗敬业是职业道德中最基本、最主要的道德规范，二者是互为前提、辩证统一的。没有新农业职业经理人对自己所从事的工作的热爱，就不可能自觉做到忠于职守。但是，只有对工作的热爱之情，没有勤奋踏实的忠于职守的实际工作行动，就不可能做出任何成绩来，热爱本职也就成为一句空话。作为新农业职业经理人，必须把对本职工作的热爱之情体现在忘我的劳动创造及为取得劳动成果而进行的努力奋斗过程中。要用对本职工作全身心的爱，去推动自己在职业活动中作出优异成绩。

2. 诚实守信

诚实守信是做人的根本，是中华民族的传统美德，也是优良的职业作风。诚实守信是职业活动中调节新农业职业经理人与工作对象之间关系的重要行为准则，也是社会主义职业道德的基本规范。

诚实，就是忠实于事物的本来面貌，不歪曲篡改事实，不隐瞒自己的真实思想，不掩饰自己的真实情感，不说谎，不作假，不为不可告人的目的而欺骗他人。

守信，就是重信用，讲信誉，信守诺言，忠实于自己承担的义务，答应别人的事一定要去做。其中，"信"字也就是诚实无欺的意思。诚实守信是职业道德的根本，是新农业职业经理人不可缺少的道德品质。作为新农业职业经理人必须诚实劳动，遵守契约，言而有信。只有如此，才能在市场经济的大潮中立于不败之地。否则，就不可能生存和发展。

只有诚实守信，才能办事公道。办事公道要求新农业职业经理人遵守本职工作的行为准则，做到公正、公开、公平。不以权谋私，不以私害公，不出卖原则。否则，就会凡事采取表面应付的态度，能欺则欺，能骗则骗，根本就不可能真正做到办事公道。

只有诚实守信，才能服务群众。服务群众要求新农业职业经理人尊重群众，方便群众，全心全意地为群众服务，为群众办好事、办实事。如果花言巧对群众说一套，干的是另一套。当面一套，背后又是一套，就会失信于群众。

只有诚实守信，才能奉献社会。奉献社会要求新农业职业经理人全心全意地为人民服务，不图名利，只收取合理报酬，使自己的经理业务能不断发展，更好地为人民谋福利、为社会作贡献。否则，就会表面上说是为人民服务，实际上是"为人民币服务"；表面上说不图名，不图利，实际上是沽名钓誉；表面上说是为人民谋福利、为社会作贡献，实际上是为一己私利。

（二）遵纪守法，办事公道

1. 遵纪守法

坚持改革、发展和稳定的方针，自觉遵守宪法和法律，维护社会稳定，是每一个公民的基本任务，也是新农业职业经理人必须遵守的准则。

新农业职业经理人所从事的职业有其特殊的行业特点，在进行收购、储运、销售以及代理、信息传递、服务中介的活动中，涉及许多法律和法则，例如，合同法、消费者权益保护法、产品质量法、计量法、税收管理法、野生动物保护法、食品卫生法、动植物检疫法，以及道路运输管理条例等。新农业职业经理人在职业活动中要分清什么是合法行为，什么是违法行为，什么是法律允许做的，什么是法律禁止的，提高法律意识，增强法制观念，依法办事，依法律己，真正做到学法、知法。

新农业职业经理人也要善于运用法律武器保护自身的合法权益。有的人由于不懂法律，当自己的合法权益受到非法侵害时，不能运用法律武器去维护自己的合法权益，而是"私了"，或者采用违法犯罪的手段去维护自身的权益。例如，有一位农业职业经理人储存在仓库中的木耳被人盗走了，有人提供线索，知道了盗木耳的是同村一农民，但他没有向公安机关报案，而是找了几个朋友，到那个农民家索要、发生争执，他的几个朋友把那个农民打伤致残，结果自己反倒犯了故意伤害罪。还有的人，在农产品运输过程中，物品遭到损害，不但不报案，而是采取"私了"的办法，其结果是不仅自己的合法权益未得到合法维护，反而使自己的损失更大。学法知法就是要知道法律是如何规定的，当你的农产品、你的储运活动、你的收购与销售行为等受到非法侵害时，就可以根据法律的有关规定，向公安机关报案，要求公安机关出面阻止，或到法院去起诉，请求法院维护你的合法权益，而不是用非法手段解决或"私了"。

2. 办事公道

各行各业的劳动者在处理各种职业关系或从事各种活动的过程中，要做到公平、公正、公开，不损公肥私，这是职业道德的基本准则。做公正的人，办公道的事，历来是新农业职业经理人所追求的重要道德目标。

办事公道是指新农业职业经理人在办事情、处理问题时，要站在公正的立场上，对当事双方公平合理、不偏不倚，不论对谁都是按同一标准衡量。

在日常生活中，办事公道是树立个人威信和调动群众积极性的前提。在社会主义市场经济条件下，每一个市场主体不仅在法律上是平等的，而且在人的尊严与社会权益上也是平等的。人与人之间只有能力和社会分工不同，没有高低贵贱之分，大家应与相互尊重，平等互惠。对于新农业职业经理人来说，对待服务对象，不论职位高低，不论哪个阶层，都要一视同仁，热情服务。

（三）精通业务，讲求效益

精通业务，讲求效益，这是辩证统一的两个方面，具有业务精通的能力，才有较好的效益。效益是精通业务的成果。业务精通懂得管理，懂得节约，才能取得丰厚的效益。

新农业职业经理人是从事"三农"经济的中介服务人。例如，农产品销售，农业科技成果转化为现实生产力，农村劳动力转移等。新农业职业经理人的经理业务涉及很多知识，包括：农村市场，农副产品，财务成本，经营管理，经济地理，法律法则，安全卫生，信息技术，公共关系艺术，以及国际贸易等。

农副产品销售经理人，科技成果转化经理人，以及农村劳动力转移经理人业务又各有不同，就需要精通业务，方能取得好的效益。例如，农业科技成果转化经理人，就需要有一批既懂技术、技能，又会经营的"专门人才""市场专家""销售能人"，利用自己掌握的科技知识为农民服务，以科技能人的身份帮助农民引进并推广各种农业新产品、新品种、新技术。新农业职业经理人土生土长，农民对他们信得过，他们与农民之间具有天然的联系，对乡情了如指掌，他们懂得农民的需求。用他们的方式和信誉推广新的技术和品种，农民容易接受。新农业职业经理人学习科学技术，运用科学技术，服务于农民，并在服务农民中获得了收入，同时，也普及了科学技能，推广了科技方法。

（四）服务群众，奉献社会

1. 服务群众服务

群众是为人民服务的道德要求在职业道德中的具体体现，是新农业职业经理人必须遵守的职业道德规范。服务群众是每个职业劳动者职业道德的基本规范，揭示了职业与人民群众的关系，指出了新农业职业经理人的主要服务对象是人民群众。服务群众的具体要求就是每个新农业职业经理人心里应当时时刻刻为群众着想，急群众之所急，忧群众之所忧，乐群众之所乐。一句话，就是要全心全意为人民服务。

一个农业职业经理人，作为群众的一员，既是别人服务的对象，又是为别人服务的主体。在社会主义社会，每个人都有权利享受他人的职业服务，每个人也承担着为他人做出职业服务的职责。

2. 奉献社会

奉献社会是社会主义职业道德的最高要求。它要求新农业职业经理人努力多为社会作贡献，为社会整体长远的利益，不惜牺牲个人的利益。因此，它是一种高尚的社会主义道德规范和要求。

奉献社会是一种人生境界，它表现为助人、无私、奉献和牺牲精神，是一种融在一件一件具体事情中的高尚人格。其突出特征包括：一是自觉自愿地为他人、为社会贡献力量，完全为了增进公共福利而积极劳动；二是有热心为社会服务的责任感，充分发挥主动性、创造性、竭尽全力；三是不计报酬，完全出于自觉精神和奉献意识。在社会主义道德建设中，要大力提倡和发扬奉献社会的职业道德。

（五）规范操作，保障安全

农业环境的好坏，对农业生产起决定性作用，农产品的安全生产，直接受农业环境质量的影响。由于农业生产对农业环境采取粗放式经管，严重危害和影响了农产品质量，其主要表现为，用大量的污水灌溉、化肥农药的过量施用，农用地膜的广泛使用以及水土流失。长期盲目施用化肥，造成土地和水体环境的污染，直接影响农产品质量，土壤板结、地力下降、病虫害加剧、农产品质量下降等一系列经济环境问题。所以，新农业职业经理人在经理活动中，必须注意农产品的生态环境，注意农产品是否受到土地污染、水污染等，否则，农产品的品质就不能保证，甚至影响到消费者的人身安全。

农产品的贮运涉及仓贮条件、仓库安全和运输工具及机械设备的安全使用，新农业职业经理人必须学习农产品保鲜贮存知识、运输车和机械设备的安全使用知识以及仓库防火和防盗知识等，才能保证新农业职业经理人业务活动的安全可靠。

第四节　农业职业经理人的岗位职责

一、农业职业经理人业务的岗位职责

新农业职业经理人业务的岗位职责可概括为以下 3 点。

（一）遵纪守法的岗位职责

新农业职业经理人获取佣金的资本是私有信息和专有知识，如销售渠道、技术参数、市场信息等。这就加重了其业务活动的隐蔽性，为规范新农业职业经理人的业务运作程序、保障委托人的合法权益、减少经济纠纷，必须尽早建立健全有关新农业职业经理人的法律制度，以保障新农业职业经理人经营活动的健康发展。综合各地的经验，农业职业经理人活动有以下 4 项法律职责。

第一，农业职业经理人服务"三农"的职责。凡具有一定专业知识和中介服务经验，愿意从事经理活动的公民，经过申请、培训，考试合格者，由工商行政管理部门颁发从事经理活动的资格证书。可以在生产资料、生活资料经营和转让，以及在引进资金、信息、工程项目等过程中从事中介服务活动。

第二，办好农业职业经理人服务所的职责。依照有关规定可以从事个体经理业务，开办经理业务或开办新农业职业经理人服务所。

第三，农业职业经理人遵守国家法律、法规和政策的职责。在批准的经营范围内从事新农业职业经理人活动，不准直接进行实物性商品买卖，不得违法经营、弄虚作假，进行诈骗活动。

第四，农业职业经理人缴纳税费的职责。应当按有关规定收取中介费，依法纳税，按有关规定向工商行政管理部门缴纳管理费。

（二）取得佣金的岗位职责

按国际惯例，新农业职业经理人在交易活动发生后，交易各方应到独立的结算机构结算佣金。新农业职业经理人佣金数额与商品成交额挂钩，新农业职业经理人的交易活动若采取私下交易，新农业职业经理人应该主动缴纳个人所得税，保持经理人目标与委托人目标的一致性。

（三）控制信息的岗位职责

新农业职业经理人应该定期向委托人真实地报告业务进展情况，委托人有权定期索取新农业职业经理人的经营业务有关资料，双方均应服从国家管理机构的监督与管理。

二、如何做一名合格的农业职业经理人

经济和社会的飞速发展，农产品市场的发育完善，呼唤着成熟、合格的农业职业经理人。一名合格的农业职业经理人应努力按以下几方面的基本标准要求自己。

（一）树立良好的形象

农业职业经理人能否长久活跃于农产品市场，关键在于是否具有熟练的业务技能和良好的信誉。首先，农业职业经理人应努力扩展自己的知识面，提高业务素质。农业职业经理人作为农业服务与农产品市场中介，自己必须是内行，能对所经理的各类服务和农产品进行鉴定、分析、评价，详细地向用户介绍情况，使用户信任和接受，这就要求农业职业经理人要有广博的农产品知识和熟练的业务技能。其次，农业职业经理人要有良好的信誉。农业职业经理人不仅要精明强干，还要有高尚的品德，以真实、守信、平等、互利作为从事经理活动的指南。

良好的信誉是经理人从事经理业务的一笔无形资本，是其事业发展的源泉和经营活动的立足之本。

（二）为客户提供优质服务

农业职业经理人应具备服务精神，为客户提供优质、准确、积极、快速的服务。

（三）依法经营，取得合理报酬

农业职业经理人作为一个新生事物，有关的立法和管理工作还较薄弱，佣金收取方面较混乱。这主要表现在以下方面。

一方面，农业职业经理人的正当收入没有法律保障。一些客户在双方见面后设法甩掉经理人或在交易后不支付中介费，使农业职业经理人的合法收益受到损害。农业职业经理人在撮合交易过程中，比较容易被转让方或受让方甩开或者得不到足够的佣金。针对这些问题，为了使自己的佣金得到保证，一些经理人采取先收取定金，再联系业务的办法，若项目未成功，则仅扣除自己垫付的费用，其余全部返还。这是我国目前条件下的合理做法。但是由于没有法律上的规定，甚至没有政策性的文件的规定，社会上许多单位对这种做法不愿接受，往往使农产品失去了许多交易的机会。

另一方面，目前市场上一些农业职业经理人也存在着乱收费和逃税的现象。一些农业职业经理人或机构没有中介服务许可证，没有取得经理人的法定资格，乱收费和逃税。他们为了赚取佣金，往往高额收费或多层中介、多层收费，甚至不顾法律规定和职业道德，传递不真实的信息，把不合格农产品"倒"进市场，给自己的信誉造成损害，也给农产品市场造成很大危害。国家将通过工商行政管理部门加强对这一行业的管理和引导，使其走上规范的轨道。农业职业经理人应积极投入规范化的市场经营，依法登记注册，依法纳税，并接受有关部门的管理。

　　总之，科学技术的飞速发展，农产品市场的发育更趋完善，都在呼唤成熟、合格的农业职业经理人。这不仅要靠经理人自身加倍努力，也需要政府的鼓励和支持。可以预见，一大批合格的农业职业经理人的成长和壮大，将成为中国发展市场经济的有生力量，为经济发展发挥巨大作用。

第二章　农业职业经理人基本技能技巧

第一节　农业职业经理人的基本技能

一、创业必备的修为

1. 孤独关

孤独是每一个职业经理人创业中必须面对的。公司、农场或合作社开始起步通常是比较困难的，比如经常会碰到资金不足的问题。职业经理人面对员工不能说公司没钱，公司的钱可能只够发三个月工资，三个月之后发工资的钱从哪里来，不能说那是老板的事。老板的愿望是让职业经理人替他给员工讲，他们在干一件有前景的事情。此外，职业经理人不要和老板过多地讨论一件事，因为并不是所有的老板都能理解你所担忧的问题。

这种孤独是一个职业经理人在创业中要面对的，越是成功，在工作上孤独感越大。为什么？如果你不成功，你无非换一个地方，再去干一番新的事业，不会觉得孤独。如果你成功了，有了光环，人人都认为你应该争取更大的成功，这种光环使你的孤独感更强。

老板的认同从某种意义上会让你放下包袱，是对你的尊重。但你想想，人家投资那么多钱是为什么，找你来管理图什么？工作中相同角色的同事较少，可倾诉的人较少。多种压力促使农业职业经理人产生孤独感。

2. 碰运关

深度思考比勤奋工作更重要。

机缘与机遇没有必然联系，但在现实中，机遇是存在的，并且往往是千载难逢！机遇是很难捕捉的，重要的是你要去发现机遇。

乔布斯和比尔·盖茨在他们大学毕业和辍业的时候，正赶上个人计算机行业的起步。这就是机遇，没有这个机遇，两个人再勤奋也登不上个人计算机行业的巅峰。但机遇绝不是运气，机遇是你对创业环境趋势的深度思考，深度思考要比你的勤奋更重要。

"有农业补贴，先干吧！"这种碰大运的想法不可取。在农业领域有个不成文的说法——天道不一定酬勤。忙了一季，等到收获时，一场大雨就可能碎了丰收梦。

3. 细节关

灵感来自一些你所忽略的细节。

职业经理人在规划你的创业愿景时，不要去捕捉一些概念，要去分析你的核心市场的核心细节，小中见大。成功的职业经理人的灵感往往来自一些被忽略的细节，一些蛛丝马迹的细节可能隐藏着无限商机。这需要你有足够的洞察力。

4. 抉择关

选择与谁同行很重要。选错了老板、团队或农业项目，你再努力也不一定会成功。

"三人行，必有我师"里面最关键的是：你跟谁在一起往前走。未来成功与否，取决于团队的执行力。

到底怎么来判断一个团队？在组队的时候，你愿意组一群很容易说服和崇拜你的人做创业团队，还是尽可能组一群比你还要优秀的人做创业团队？雷军选择团队时，出发点是建立一个不一样的创业公司，于是，他把股权大量分散出去，因为他需要足够多的、足够优秀的人。小米公司前十个月只干一件事：找人。

很多职业经理人搞不定那些优秀的人，是的，搞定优秀的人不容易，但不是说就没有办法了。第一，要看清自己，不卑不亢。当你对自己非常诚实的时候，你会发现身边的人都会向你聚拢。因为他们认为你是值得信赖的。第二，聆听是很重要的素质和能力，用坦荡去感染团队，你将发现，对于一些优秀的人，最好的管理是"不管理"。"不管理"的意思是说让他们变成自我驱动的个体，每个人都能很好地管理自己。第三，做农业最重要的一点是做产品，而不是简单地做生意。不要只追求数量而忽视了农产品的口碑价值。一些地标性农产品经久不衰，是历史检验出来的，没必要在河北再创造一个河南温县铁棍山药基地，但有必要创造无数个优质农产品基地。靠谁完成这个使命？一个对社会、对大众、对企业负责任的团队！这才是农业职业经理人要组建的优秀团队。

二、农业职业经理人要优化自己的"圈子"

农业职业经理人要学会优化自己的圈子，要有农业专家的圈子，要有农产品经销商的圈子，要有新媒体的圈子，要有农业主管部门的人脉圈子……因为圈子决定你的格局，圈子决定你的未来，圈子决定你的命运和位置！

与热爱学习的人在一起，会增长知识；与心胸宽广的人在一起，会放大格局；与富人在一起，会点燃创业激情；与哲人在一起，会增长智慧；与勇敢的人在一起，会越来越坚强；与有远大梦想的人在一起，会有远见和期望；与有目标的人在一起，会越来越珍惜时间；与有责任感和使命感的人在一起，会越来越有爱心和人格魅力。

诚信是交朋友的第一原则，一个人一旦背上不守诺言、背信弃义的名声，也就意味着他在这个圈子里声名狼藉的日子已经到了。

要成为圈子里受欢迎的人，要学会倾听。不要总是自己一个人夸夸其谈，滔滔不绝，要学会首先请别人发言，倾听对方的意见。学会倾听远远比大多数人想象中的要困难，因为这需要虚心和良好的修养。不管你能力有多强，如果你不能弄清楚圈子中其他人的想法，你就不能成为一个有影响的人。

分享是快速扩大人脉圈子的方式，你分享的越多，得到的人脉就越多。萧伯纳有句名言："如果你有一个苹果，我有一个苹果，彼此交换，我们每个人仍然只有一个苹果；如果你有一种思想，我有一种思想，彼此交换，我们每个人就有了两种思想，甚至多于两种思想。"

三、学习知识和技术，提升管理和经营能力

学习农业新知识。主要学习农业发展新模式、农业产业新政策、环境与资源保护新动态、农业新理念、农业与其他产业的关联等。

学习农业新技术。农业职业经理人通常是某个农业领域的项目执行人，专业性强，养鸡场的职业经理人要懂养鸡技术，玉米农场的职业经理人要懂玉米生产技术，渔业职业经理人要懂养鱼技术。

提升管理能力。农业职业经理人是一个农业实体的领导人，管理一个农场或牧场或渔场方法是不一样的；管理一个机耕队或一个植保合作社方法也是不一样的，所从事的农业项目不同，团队人员性格不同，管理方法也是不同的。提升管理能力需要硬功夫。

提升经营能力。农业职业经理人必须会经营，市场如何开发，产品如何定价，业务怎样开展，如何做规模，如何产供销一条龙，如何社会化服务……都需要积累经验和向同行学习。

学习提升的途径有书籍、报纸、杂志、互联网、专业人士、

专业培训班、同行交流、参观访问、实地考察等。

第二节 遵纪守法 打造农业品牌

一、学习了解法律常识

在现代社会，公民的权利和义务都要受法律的制约和保护，法律就是"尚方宝剑"。懂了法，就能充分享用法律给予我们的权利和自由。

许多人曾在这些方面吃过很多亏，因为不懂法，触犯了法律，让他们的家庭和生活变得一团糟；被人欺负了都不知道到哪里去说理；想私下解决，反而把事情弄得更糟。

出门在外，要学习、了解法律基本常识，如《中华人民共和国宪法》《中华人民共和国劳动法》《中华人民共和国劳动合同法》《中华人民共和国劳动争议调解仲裁法》《中华人民共和国治安管理处罚法》《中华人民共和国刑法》《中华人民共和国民法通则》等，做个学法、懂法、守法、用法的公民。

二、农民专业合作社法相关知识

（一）为什么要发展农民专业合作社

我国市场经济体制确立后，家庭联产承包经营的农民成为市场主体，如何解决一家一户的农民进入市场问题，是我们现在农村经济发展面临着的亟待解决的重大课题。由于受我国传统合作社的影响，现在很多人把家庭承包经营与农民合作化对立起来。有的人认为稳定家庭承包经营，就不能谈农民合作，农村推行合作化就会动摇家庭承包经营；有的人认为农村家庭承包经营已经不适应农业现代化发展要求，要求用合作化代替家庭承包经营。这两种对立观点，都不符合我国农村经济发展实际情况。动摇家庭承包经营，就会违背农民的意愿，破坏农民生产积极性，家庭承包经营是中国农民的历史选择，是被实践证明了的，是党在农村政策的基石，长期坚持家庭承包经营是调动亿万农民生产积极性的最有效和最根本办法。农民不走合作化，一家一户的农民就不能适应市场经济的发展要求，小生产和大市场的矛盾就无法解决，农民不走合作化，农业专业化生产就很难提高，农民就很难增收，农业现代化就不会实现。农民专业合作社的优越性体现在以下几个方面。

（1）农民专业合作社是市场主体的一种补充形式，农民可以有效组织起来，按产业化发展模式发展自身。

（2）有利于农业生产的规模化发展。

（3）有利于提高农业标准化生产水平，产品直接参与国内、国际竞争。

（4）有利于提升产业化水平，减少成本，减少中间环节。

（5）有利于品牌化经营，拓展销路。

（6）有利于提高农民素质。

（7）有利于政府对农业的投资方式，把补贴直接兑现到农民专业合作社。财政部每年拿出资金对农民专业合作社进行补贴，省、市、县还要拿出配套资金用于合作社的扶持。还规定中央和地方应当分别安排资金，支持合作社开展信息、培训、农产品质量标准与认证、农业生产基础设施建设、市场营销和技术推广等服务。

（二）建立农民专业合作社是当前农村经营体制转变的迫切需求

（1）以家庭承包经营为基础，统分结合的农村经营体制是我国农村的基本生产关系。家庭承包经营这一生产组织形式符合中国农业自身特点，能够调动起广大农民生产积极性，应长期坚持不能动摇，但家庭承包经营在社会主义市场经济体制下存在如下问题。

一是一家一户分散经营的小生产和千变万化的社会大市场

的矛盾。

二是一家一户农民作为市场主体同高度组织化的企业主体是不平等，农民在交易中处于被动地位。

三是一家一户分散经营使生产的农产品专业化、标准化水平低，农产品在市场竞争中处于劣势。

四是一家一户分散经营很难使科技、良种、良法配合并广泛推广。

五是一家一户分散经营的农民无力加工农产品，分享农产品增加值收入等。

乡村集体经济组织是双层经营体制的"统"的层次，主要是解决分散经营农户解决不了的问题。但由于长期以来村集体经济组织功能弱化，大量事实表明，现在的村集体经济组织更多的是起到行政职能作用，没有独立的经济法人地位，无力为农户家庭经营发展服务。

（2）农业产业化（公司＋农户）形式是带动农业发展的重要组织形式，但实践证明这一模式还存在诸多问题。

一是公司和农户同是市场主体，公司和农户的市场主体地位是不平等的。

二是公司的性质是追求市场利润最大化，农户虽是公司追求利润的重要组成部分，但农户很难分享到社会化的平均利润。

三是公司＋农户形式组织农民成本高（连接千家万户，公司将付出较大成本），公司在市场竞争中由于成本过高而处于劣势，甚至一直面临被淘汰风险。

四是"公司＋农户"缺少利益关联度，合同很难执行，农产品涨价农民惜售，农产品降价，公司不收或因收购成本高而失去竞争能力。大多数公司目前很少与农民签订合同，农民还是自主种植，缺乏计划性，农户承担的风险较大。

五是公司确定农户的农产品价格一般是与以往农民传统农产品价格比较，"以不低于"来确定合同价格，只解决了农户卖难问题，没有解决农民增收问题。

另外，国家产业化龙头企业是依靠政策扶持的，而不是依靠市场形成的，政策在一定时期扶持结束之后，就是企业困难之时，农民增收和企业发展问题仍难以解决。

上述农村经济体制和经营体制存在的问题，是关心农村经济发展的各级党委和政府急需要解决的问题。那么如何解决农村经济发展中出现的矛盾呢？深化改革，把农民的积极性调动起来，让农民这一弱势群体走向联合与合作，培育新的市场主体，使农民成为企业的利益主体和风险主体，依靠农民自己的力量建立多种相互促进，又能统一的社会化合作服务体系，做到农民之间联合互助依靠集体的力量带动家庭经济的发展。

（三）农民专业合作社登记管理条例对设立登记的规定

为了确保农民专业合作社真正成为农民自己主导的合作经济组织，条例依照《中华人民共和国农民专业合作社法》（全书简称《农民专业合作社法》）的有关规定，对农民专业合作社设立登记作了以下几个方面的规定。

一是规定了提交的文件：①设立登记申请书；②全体设立人签名、盖章的设立大会纪要；③全体设立人签名、盖章的章程；④法定代表人、理事的任职文件和身份证明；⑤载明成员的姓名或者名称、出资方式、出资额以及成员出资总额，并经全体出资成员签名、盖章予以确认的出资清单；⑥载明成员的姓名或者名称、公民身份证号码或者登记证书号码和住所的成员名册，以及成员身份证明；⑦能够证明合作社对其住所享有使用权的住所使用证明；⑧全体设立人指定代表或者委托代理人的证明。农民专业合作社的业务范围有属于法律、行政法规或者国务院规定在登记前须经批准的项目的，还应当提交有关批准文件。

二是规定了出资方式和评估方式。农民专业合作社成员可以用货币出资，也可以用实物、知识产权等能够用货币估价并可以依法转让的非货币财产作价出资。成员以非货币财产出资的，由全体成员评估作价。成员不得以劳务、信用、自然人姓名、商誉、特许经营权或者设定担保的财产等作价出资。

三是规定了成为成员的条件。具有民事行为能力的公民，以及从事与农民专业合作社业务直接有关的生产经营活动的企业、事业单位或者社会团体，能够利用合作社提供的服务，承认并遵守合作社章程，履行章程规定的入社手续的，可以成为农民专业合作社的成员。但是，具有管理公共事务职能的单位不得加入农民专业合作社。

四是规定了成员的数量以及农民成员和企事业单位、社会团体成员所占的比例。农民专业合作社应当有 5 名以上的成员，其中农民至少应当占成员总数的80%。成员总数20人以下的，可以有1个企业、事业单位或者社会团体成员；成员总数超过 20 人的，企业、事业单位和社会团体成员不得超过成员总数的5%。

五是对成员身份证明作了具体规定。农民专业合作社的成员为农民的，成员身份证明为农业人口户口簿；无农业人口户口簿的，成员身份证明为居民身份证和土地承包经营权证或者村民委员会（居民委员会）出具的身份证明。农民专业合作社的成员不属于农民的，成员身份证明为居民身份证。合作社的成员为企业、事业单位或者社会团体的，成员单位应提供企业法人营业执照或者其他登记证书。

六是规定了设立登记的程序。申请人提交的登记申请材料齐全、符合法定形式，登记机关能够当场登记的，应予当场登记，发给营业执照。对不能当场登记的，登记机关应当自受理申请之日起 20 日内，作出是否登记的决定。予以登记的，发给营业执照；不予登记的，应当给予书面答复，并说明理由。

三、农产品质量安全是食物安全的重要保证

1992 年国际营养大会上定义食物安全为"在任何时候人人

都可以获得安全营养的食物来维持健康能动的生活"。农产品质量安全含义为：食物应当无毒无害，不能对人体造成任何危害，也就是说食物必须保证不致人患病、慢性疾病或者潜在危害。

（一）现阶段农产品质量安全水平

有机农产品：有机农产品所强调的是有机农业的产物，通常是指来自于有机农业生产体系，根据有机农业生产要求和相应的标准生产的，并通过独立的有机食品认证机构认证的农产品。

绿色农产品：绿色农产品是遵循可持续发展原则，按照特定生产方式生产，经专门机构认定，许可使用绿色食品商标标志的无污染的安全、优质、营养类食品。绿色农产品分 A 级和 AA 级。

无公害农产品：无公害农产品是指产地环境、生产过程和产品质量符合国家有关标准和规范的要求，经认证合格获得认证证书，并允许使用无公害农产品标志的未经加工或者加工的安全、优质、面向大众消费的农产品。

（二）我国农产品质量安全问题

我国目前农产品质量安全存在的主要问题如下：①化肥农药等残留污染问题越来越严重；②食物加工过程中滥加化学添加剂现象难以禁绝；③食物污染问题变得越来越严重、难以控制；④农产品及其加工产品出口面临挑战。

（三）影响农产品质量安全的因素

1. 生产环境的污染

生产环境污染主要来源于产地环境的土壤、空气和水。

农产品在生产过程中造成污染主要表现为过量使用农药、兽药、添加剂和违禁药物造成的有毒有害物质残留超标。

2. 遭受有害生物入侵的污染

农产品在种（养）殖过程中遭受致病性真菌、细菌、病毒和毒素入侵所造成的多种污染。

3. 人为因素导致的污染

农产品收获或加工过程中混入有毒有害物质，导致农产品受到污染。

（四）农产品质量安全保障与对策

1. 农产品质量安全生产的内部保障

（1）激发生产企业内在动力。农产品生产企业按照无公害农产品质量标准组织生产的积极性是保障产品质量安全的前提。

（2）产地环境管理。农产品产地环境质量包括空气环境、土壤环境和水环境等。无论是无公害农产品还是绿色农产品的生产，产地环境建设都是保证农产品质量安全首先要考虑的问题。

（3）投入品的使用管理。农业生产系统的质量管理不仅体现在生产中，还需要向前延伸，对投入品进行质量监控，才能为产后环节提供良好的起点。

（4）开展良好农业规范（Good Agriculture Practices，GAP）认证工作。

2. 农产品质量安全供给的外部保障

（1）制度环境建设。建立一个良好的制度环境是保障农产品质量安全的前提，农产品质量安全生产环节的内部管理和发展，必须与外部相关制度环境相适应。

（2）市场环境建设。要充分考虑农产品生产和经营者过于分散的现实特点，一方面通过各种专业组织形式加强生产环节的联合与协作；另一方面通过非正式组织渠道使小生产者联合起来组建小企业集群，增强交易信息透明度，减少交易费用，缓解农产品小生产和大市场的矛盾，并创建一个易于规范的农产品市场交易主体环境。

（3）监管体系建设。监管体系的建设纵向涉及国家、省部级和地方各级机构建设，横向涉及环保、质检及工商等多部门分工和协作。

（4）建立食用农产品风险补偿机制。补偿制度是处理紧急疫情的有效保障，首先要通过评估部门计算出产品成本和建议补偿额度。其次要根据养殖场（厂）内部防疫管理工作制度和工作记录分析质量责任大小，确定政府和企业承担损失的比例。第三要处理好养殖户和经销户的损失补偿关系。第四要确保政府补偿经费的来源稳定是补偿制度顺利实施的关键，要研究中央和地方政府对补偿经费的负担水平，确保补偿到位。

3. 农产品质量安全保障对策

进一步完善法律体系，增强依法监管的力度；

推广标准化生产，确保农产品安全；

构建长效机制，提高监管实效；

强化宣传教育，提高安全意识。

（五）农产品质量安全法的相关法律法规

1. 农产品产地环境管理方面

农产品产地是影响农产品质量安全的重要源头。多年来，工业"三废"和城市垃圾的不合理排放、农产品种养殖过程中投入品的不合理使用、产地自然环境的重金属状况等，都可能给部分农业用地、畜牧生产环境、渔业水域环境造成污染。为此，我国制定了大量的环境保护和管理方面的法律法规（表2-1）。在《中华人民共和国农产品质量安全法》（以下称《农产品质量安全法》）中，专门设置单独一章来规范农产品质量安全产地监管。农业部还颁布了《农产品产地安全管理办法》，并作为《农产品质量安全法》的配套规章。

表 2-1　与农产品产地环境管理相关的法律法规

法律法规	主要内容
《农产品质量安全法》	主要包括产地安全管理、基地建设、产地要求、产地保护规定、防止投入品污染等5个具体条款
《农产品产地安全管理办法》	主要从产地监测与评价、禁止生产区划定与调整、产地保护和监督检查等方面作出了规定
《中华人民共和国农业法》	主要规定了农业生产经营组织和农业劳动者应当保养土地，合理使用化肥、农药，增加使用有机肥料，提高地力，防止土地的污染、破坏和地力衰退
《中华人民共和国渔业法》	主要是对渔业资源的保护、增殖、开发和合理利用，发展人工养殖等方面作出了规定
《中华人民共和国畜牧法》	主要从畜禽养殖环境方面进行了规定
《中华人民共和国环境保护法》	主要对环境监督管理、保护和改善环境、防止环境污染和其他公害等进行了规定
《中华人民共和国水污染防治法》	主要是有关水环境质量标准制定、污染物排放总量、防止水污染、罚则等方面的规定
《中华人民共和国清洁生产促进法》	主要从清洁生产的推行，清洁生产的实施，鼓励措施及法律责任等方面作出了规定

2. 农产品质量安全标准方面

1989 年国家颁布的《中华人民共和国标准化法》（以下简称《标准化法》）和1990 年国务院颁布的《中华人民共和国标准化法实施条例》（以下简称《标准化法实施条例》）是目前我国制定各项标准的基本法律依据。此外，《中华人民共和国农产品质量安全法》、《中华人民共和国食品卫生法》（以下称《食品卫生法》）和《兽药管理条例》又针对各行业及其产品管理的特殊性做了例外的规定。《标准化法》和《标准化法实施条例》确立了以国家标准为主体、行业标准、地方标准和企业标准配套的标准体系，以及标准化主管部门统一管理和行业管理部门分工负责的标准制定、实施与监督管理体制。《农产品质量安全法》《食品卫生法》和《兽药管理条例》确立了相关行业以国家标准为主体，行业管理部门统一负责实施的管理体制。《农产品质量安全法》第十一条规定，国家建立健全农产品质量安全标准体系。

（六）农产品质量安全监督管理方面的法律法规

农产品质量安全监督管理主要涉及《农产品质量安全法》《中华人民共和国产品质量法》《中华人民共和国食品卫生法》《中华人民共和国药品管理法》等现行法律。

1. 监督抽查与结果公告制度

《农产品质量安全法》第三十四条规定，国家建立农产品质量安全监测制度。县级以上人民政府农业行政主管部门应当按照保障农产品质量安全的要求，制订并组织实施农产品质量安全监测计划，对生产中或者市场上销售的农产品进行监督抽查。监督抽查结果由国务院农业行政主管部门或者省、自治区、直辖市人民政府农业行政主管部门按照权限予以公布。监督抽查检测应当委托符合《农产品质量安全法》第三十五条规定条件的农产品质量安全检测机构进行，不得向被抽查人收取费用，抽取的样品不得超过国务院农业行政主管部门规定的数量。上级农业行政主管部门监督抽查的农产品，下级农业行政主管部门不得另行重复抽查。

《产品质量法》第十五条规定，国家对产品质量实行以抽查为主要方式的监督检查制度，对可能危及人体健康和人身、财产安全的产品，影响国计民生的重要工业产品以及消费者、有关组织反映有质量问题的产品进行抽查；抽查的样品应当在市场上或者企业成品仓库内的待销产品中随机抽取。监督抽查工作由县级以上产品质量监督部门组织实施。国家监督抽查的产品，地方不得另行重复抽查；上级监督抽查的产品，下级不得另行重复抽查。根据监督抽查的需要，可以对产品进行检验；检验抽取样品的数量不得超过检验的合理需要，不得向被检查人收取检验费用；法律对产品质量的监督检查另有规定的，依照有关法律的规定执行。

关于抽查结果的公布，《产品质量法》第二十四条规定，国务院和省级产品质量监督部门应当定期发布其监督抽查的产品的质量状况公告。

2. 产品质量检验机构资质要求

《农产品质量安全法》第三十五条规定，农产品质量安全检测应当充分利用现有的符合条件的检测机构。从事农产品质量安全检测的机构必须具备相应的检测条件和能力，由省级以上人民政府农业行政主管部门或者其授权的部门考核合格。具体办法由国务院农业行政主管部门制定。农产品质量安全检测机构应当依法经计量认证合格。《产品质量法》第十九条、第二十条规定，承担产品质量检验工作的检验机构必须具备相应的检测条件和能力，并经省级以上人民政府产品质量监督部门或者其授权的部门考核合格，方可承担相应工作；从事产品质量检验、认证的社会中介机构必须依法设立，不得与行政机关和其他国家机关存在隶属关系或者其他利益关系。同时，《产品质量法》针对某些特殊产品的质量检验机构做了除外规定，"法律、行政法规对产品质量检验机构另有规定的，依照有关法律、行政法规的规定执行。"

与之相应，《食品卫生法》第三十六条规定，国务院和省级卫生行政部门可以根据需要确定具备条件的单位作为食品卫生检验单位，进行食品卫生检验并出具检验报告，即承担食品和药品检验工作的机构可以由主管部门设置或者确定。

3. 监督抽查复检制度

《农产品质量安全法》第三十六条规定，农产品生产者、销售者对监督抽查检测结果有异议的，可以自收到检测结果之日起 5 日内，向组织实施农产品质量安全监督抽查的农业行政主管部门或者其上级农业行政主管部门申请复检。采用国务院农业行政主管部门会同有关部门认定的快速检测方法进行农产品质量安全监督抽查检测，被抽查人对检测结果有异议的，可以自收到检测结果时起 4 小时内申请复检。复检不得采用快速检测方法。因检测结果错误给当事人造成损害的，应依法承担赔偿责任。

《产品质量法》规定，生产者、销售者对抽查检验的结果有异议的，可以向实施监督抽查的产品质量监督部门或者其上级产品质量监督部门申请复检，由受理复检的产品质量监督部门做出复检结论。

4. 跟踪检查制度

《农产品质量安全法》第三十九条规定，县级以上人民政府农业行政主管部门在农产品质量安全监督检查中，可以对生产、销售的农产品进行现场检查，调查了解产品质量安全的有关情况，查阅、复制与农产品质量安全有关的记录和其他资料；对经检测不符合农产品质量安全标准的农产品，有权查封、扣押。《农产品质量安全法》第四十一条规定，县级以上人民政府农业行政主管部门在农产品质量安全监督管理中，发现有《农产品质量安全法》第三十三条情形之一的农产品，应当按照农产品质量安全责任追究制度的要求，查明责任人，依法予以处理或者提出处理建议。《产品质量法》第二十一条规定，产品质量认证机构应当依照国家规定对准许使用认证标志的产品进行认证后的跟踪检查，对不符合认证标准而使用认证标志的，应当依法采取相应的监督管理措施。

5. 质量安全事故报告和处理制度

《农产品质量安全法》第四十条规定，发生农产品质量安全事故时，有关单位和个人应当采取控制措施，及时向所在地乡级人民政府和县级人民政府农业行政主管部门报告；收到报告的机关应当及时处理并报上一级人民政府和有关部门。发生重大农产品质量安全事故时，农业行政主管部门应当及时通报同级食品药品监督管理部门。《食品卫生法》第三十八条规定，发生食物中毒的单位和接收病人进行治疗的单位，应当根据国家有关规定及时向所在地卫生行政部门报告。县级以上地方人民政府卫生行政部门接到报告后，应当及时进行调查处理，并采取控制措施。

四、农产品品牌

（一）品牌定义

农产品品牌是附着在农产品上的某些独特的标记符号，代表了品牌拥有者与消费者之间的关系性契约，向消费者传达农产品信息集合和承诺。广义农产品品牌由质量标志、种质标志、集体标志和狭义品牌构成。狭义农产品品牌是指农业生产者申请注册的产品、服务标志。而商标指的是符号性的识别标记。品牌所涵盖的领域，必须包括商誉、产品、企业文化以及整体营运的管理，品牌不单包括"名称""徽标"，还扩及系列的平面视觉识别系统，甚至立体视觉识别系统，它不是单纯的象征，而是一个企业竞争力的总和。品牌最持久的含义和实质是其价值、文化和个性；品牌是企业长期努力经营的结果，代表企业的无形资产。品牌由农产品生产经营企业创立，依靠知识产权保护和市场化运作发生作用，在国内外农产品市场上逐渐成为竞争的主旋律。为了在国内外市场上提升农产品的竞争力，实施农产品品牌战略是现代农业发展的必然选择。

品牌对消费者的价值主要体现为：品牌是存在于消费者意识中的一种形象，这种形象来自对商品或服务的各种感知；品牌对生产者的价值：因为消费者的优先选择和持续选择，可以使生产者降低产品推介成本，增加利润，促进企业或农户永续发展；品牌对于地方政府的价值则体现为地区名片，能够辐射带动区域发展和农村振兴，提升地区竞争力和国际化水平。

（二）品牌视觉识别系统设计的原则

（1）造型美观，构思新颖。这样的品牌不仅能够给人一种美的享受，而且能使顾客产生信任感。

（2）能表现出企业或产品特色。

（3）简单明显。品牌所使用的文字、图案、符号都不应该冗长、繁复，应力求简洁，给人以集中的印象。

（4）符合传统文化，为公众喜闻乐见。设计品牌名称和标志都特别注意各地区、各民族的风俗习惯、心理特征，尊重当地传统文化，切勿触犯禁忌，尤其是涉外商品的品牌设计更要注意。

（三）品牌建设

农产品是人类赖以生存的主要商品，也是质量隐蔽性很强的商品，需要利用品牌进行产品质量特征的集中表达和保护。农产品品牌战略是通过品牌实力的积累，塑造良好的品牌形象，从而建立顾客忠诚度，形成品牌优势，再通过品牌优势的维持与强化，最终实现创立农产品品牌与发展品牌。

1. 农产品品牌形成的基础

（1）品种不同。不同的农产品品种，其品质有很大差异，主要表现在营养、色泽、风味、香气、外观和口感上，这些直接影响消费者的需求偏好。品种间这种差异越大，就越容易使品种以品牌的形式进入市场并得到消费者认可。

（2）生产区域不同。"橘生淮南则为橘，生于淮北则为枳。"许多农产品即使种类相同，其产地不同也会形成不同特色，因为农产品的生产有最佳的区域。不同区域的地理环境、土质、温湿度、日照、土壤、气候、灌溉水质等条件的差异，都直接影响农产品品质的形成。

（3）生产方式不同。不同农产品的来源和生产方式也影响农产品的品质。野生动物和人工饲养的动物在品质、营养、口味等方面就有很大的差异；自然放养和圈养的品质差别也很大；灌溉、修剪、嫁接、动植物激素等的应用，也会造成农产品品质的差异。采用有机农业方式生产的农产品品质比较好，而采用非有机农业生产方式生产的农产品品质一般较差。

2. 农产品品牌建设

农产品品牌建设是一项系统工程，一般要注重以下几个方面。

（1）农产品品牌建设内容主要包括质量满意度、价格适中度、信誉联想度和产品知名度等。质量满意度主要包括质量标志、集体标志、外观形象和口感等要素。价格适中度主要包括定价适中度、调价适中度等。信誉联想度包括信用度、联想度、企业责任感、企业家形象等要素。产品知名度则体现为提及知名度、未提及知名度、市场占有率等。

（2）农产品品牌建设是一个长期、全方位努力的过程，一般包括规划、创立、培育和扩张四个环节。品牌规划主要是通过经营环境的分析，确定产品选择，明确目标市场和品牌定位，制定品牌建设目标。品牌创立主要包括品牌识别系统设计、品牌注册、品牌产品上市和品牌文化内涵的确定等。品牌培育主要内容包括质量满意度、价格适中度、信誉联想度和产品知名度的提升。品牌扩张包括品牌保护、品牌延伸、品牌连锁经营和品牌国际化等。

（四）注册商标是培育品牌最简便易行的做法

现代社会，商标信誉是吸引消费者的重要因素。随着农产品市场化程度的不断提高，农产品之间的竞争日益激烈，注册商标是农产品顺利走向市场的有效途径之一。

1. 商标是农产品的"身份证"

商标是识别某商品、服务或与其相关具体个人或企业的显著标志。商标经过注册，受法律保护。对于农产品来说，商标可以用于区别来源和品质，是农产品生产经营者参与竞争、开拓市场的重要工具，同时也承载了农业生产经营管理、员工素质、商业信誉等，体现了农产品的综合素质。商标还起着广告的作用，也是一种可以留传后世永续存在的重要无形资产，可以进行转让、继承，作为财产投资、抵押等。

2. 农产品商标注册程序

《农业法》第四十九条规定：国家保护植物新品种、农产品地理标志等知识产权。《商标法》第三条规定：经商标局核准注册的商标为注册商标，包括商品商标、服务商标、集体商标、证明商标；商标注册人享有商标专用权，受法律保护。商标如果不注册，使用人就没有专用权，就难以禁止他人使用。因此，在农产品上使用的商标要受到法律保护，应进行商标注册。

《商标法》规定：自然人、法人或者其他组织可以申请商标注册。因此，农村承包经营户、个体工商户均可以以个人的名义申请商标注册。申请注册的商标应当具有显著性，不得违反商标法的规定，并不得与他人在先的权利相冲突。

申请文件准备齐全后，即可送交申请人所在地的县级以上工商行政管理局，由其向国家工商行政管理总局商标局核转，也可委托商标代理机构办理商标注册申请手续。

3. 农产品注册商标权益保护

商标注册后，注册人享有专用权，他人未经许可不得使用，否则构成侵权，将受到法律的惩罚。商标侵权行为是指行为人未经商标所有人同意，擅自使用与注册商标相同或近似的标志，或者干涉、妨碍商标所有人使用注册商标、损害商标权人商标专用权的行为。侵权人通常需承担停止侵权的责任，明知或应知是侵权的行为人还要承担赔偿的责任。情节严重的，还要承担刑事责任。

判断是否构成商标侵权，不仅要比较相关商标在字形、读音、含义等构成要素上的近似性，还要考虑其近似是否达到足以造成市场混淆的程度。当确认商标被侵权时，按照我国商标法的规定，商标注册人或者利害关系人可以向人民法院起诉，也可以请求工商行政管理部门处理。

第三节　提高科技水平　实现科学创业

一、推广农业科技

（一）农业科技问题的提出

国务院制定的《国家中长期科学和技术发展规划纲要（2006—2020 年）》和中共中央、国务院颁发的《关于实施科技规划纲要增强自主创新能力的决定》，提出要抓住 21 世纪头 20 年的重要战略机遇期，走自主创新之路，全面提升国家核心竞争力。并指出，我国提高自主创新能力的关键是完善体制和机制。只有继续深化科技体制改革，进一步消除制约科技进步和创新的体制性、机制性障碍，才能推进科技自主创新能力建设。作为自主创新型国家建设的一个重要组成部分，农业科技生产的能力建设也面临着同样的问题。农业科技投入，在一定程度上来说，对于农业科技工作是杠杆和导向。农业科技投入的体制和机制是否合理，在很大程度上决定着农业科技人员的基本工作环境和状况，进而决定着我国农业科技生产的能力建设和发展。只有在合理的农业科技体制下，不断完善农业科技投入的机制，才能不断促进农业自主创新能力持续稳定的增强。

现代农业是一种科技型产业，要求现代化的工具、科学化的手段和知识化的农民。建设现代农业，需要有强大的农业科技做支撑，充分发挥科学技术在提高劳动者素质、改进劳动手段、拓展劳动对象、优化要素组合等方面的巨大作用，用先进的物质条件装备农业，用先进的科学技术改造农业，用先进的组织形式经营农业，用先进的管理理念指导农业。目前，我国农业科技进步贡献率已经达到48%，科技成为农业农村经济发展的主导因素。面对日益加剧的资源短缺和环境恶化，面对日益激烈的国际市场竞争，面对日益严峻的农产品有效供给压力，面对新农村建设的重大历史任务，我国的农业发展比以往任何时候都需要科技支撑，农业科技比以往任何时候都需要自主创新。通过不断的农业科技生产，我国正实现着由传统农业向现代农业的转变，实现着由"靠天吃饭"向"靠科技发展"、由"藏粮于仓"向"藏粮于技"、由"广种薄收"向"科技增效"的转变，这一系列转变也将为社会主义新农村建设奠定坚实的产业基础。

（二）国际农业科技生产的竞争日益激烈

进入21世纪以来，知识经济与经济全球化进程明显加快，科学技术发展突飞猛进，科技实力的竞争成为世界各国综合国力竞争的核心，农业科学技术已成为推动世界各国农业发展的强大动力，以农业生物技术和信息技术为特征的新的科技革命浪潮正在世界各国全面兴起。

在这场新的农业科技浪潮中，美国、日本、德国等发达国家，印度、巴西等发展中国家，近年来都在制定实施新的农业科技发展战略，改革农业科技体制与运行机制，加大农业科研投入，加快农业科技创新步伐，抢占农业科技发展的制高点。这既对我国农业科技提出了严峻的挑战，更提供了迎头赶上新的农业科技革命、实现农业科技跨越式发展的历史性机遇。当前我国正处于加入WTO后的过渡期，农业面临的国际竞争更加激烈，经济全球化的发展不仅使国内市场国际化，而且使国内农业国际化。

在世界农产品和贸易方面，对高科技含量和高附加值的农产品的需求比重会提高，对农产品卫生和质量标准的要求也越来越高。因此，加快农业科技创新、提高农业的科技含量，是提高农业国际竞争力的根本措施。

从刀耕火种的原始农业、畜拉人耕的传统农业到良种良法配套的现代农业，每一次跨越都是实践与科学技术双向互动，推动生产力不断发展的过程。20 世纪中后期，可持续发展的时代理念与以生物技术和信息技术为主导的新的农业科技革命开启了农业发展的新纪元，现代农业成为世界农业发展的主潮流。

（三）我国农业科技生产引领现代农业发展

近年来我国农业科技生产取得了重大进展，以超级水稻、矮败小麦、杂交玉米、杂交大豆、转基因抗虫棉等为代表的育种技术已达到国际先进水平，遥感等现代信息技术已经开始在农业生产中发挥作用，粮食增产增效、优质农产品安全生产、农村清洁能源、资源循环利用等先进适用技术得到大面积推广应用，揭开了我国依靠科技创新促进农业发展的新篇章。

一是超级稻引领我国水稻"第三次革命"。农业部自 1996 年启动"中国超级稻研究计划"以来，经过全国十多家协作单位的联合攻关，技术攻关取得重大突破，示范推广取得重大进展，良种、良法配套，增产效果明显。

二是禽流感疫苗研制居国际领先地位。中国农业科学院哈尔滨兽医研究所在国际上第一个成功研制出抗 H5N1 型禽流感病毒基因工程灭活疫苗和抗 H5 亚型禽流感重组禽痘病毒载体疫苗，最近，又在国际上首次成功研制出同时抗高致病性禽流感和新城疫两种疫病的新型基因工程"双抗"疫苗。目前，H5N1 型禽流感病毒灭活疫苗已在全国应用，H5 亚型禽流感重组禽痘载体疫苗也已在全国应用，"双抗"疫苗正在加速产业化。

三是转基因抗虫棉选育取得重大突破。我国是世界上拥有自主知识产权、独立研制和开发成功转基因抗虫棉的第二个国家。转基因抗虫棉是我国目前唯一在生产上大规模应用的转基因农作物，已有 46 个抗虫棉品种通过省级和国家级审定。据统计，种植转基因抗虫棉可减少农药用量 60%~80%，减少虫害、提高产量，平均每亩（1 亩≈667 平方米。下同）增收节支 180~220 元。

这些自主创新的新品种、新技术的成功研制和广泛应用，为推动我国农业生产力发展作出了重要贡献。每一次农业技术突破，都将农业生产力水平提升到一个新的台阶。

（四）我国实施农业科技生产的行动

中国农业科学院围绕国家农业战略目标和未来国家农业发展的关键性技术领域，通过全国农业科技机构联合攻关，全面提升了农业科技生产能力。

1. 动植物育种技术与新品种创新

创新农作物高产、优质、抗旱、抗逆育种技术和具有世界领先水平的水稻、小麦、玉米、棉花、大豆、油菜、蔬菜等高效育种技术平台；培育一批超级稻、转基因杂交棉、肉牛、细毛羊、矮脚鸡、瘦肉猪等超高产、优质、专用的突破性动植物新品种，以及名、特、稀经济作物优质新品种，良种良法配套，大幅度提高动植物生产能力。

2. 农业生物安全防火墙创新

突破植物高变异致灾有害生物、动物重大烈性传染病、危险性外来生物、转基因生物安全等诊断、检测、监测与预警、快速扑灭与可持续控制等关键技术与产品，确保国家生物安全和经济安全。

3. 农业资源高效利用和环境保护创新

创新节约资源、农业污染治理、耕地质量保育、肥料高效利用、节水农业、旱作农业、废弃物资源化循环利用等关键技术与产品，加强重大关键技术系统集成，有效支撑国家资源安全、生态安全和环境安全，促进农业可持续发展。

4. 数字农业与智能化装备创新

在农业资源精准监测、作物生产智能作业、精确施肥/药、智能化动物精细养殖、农业环境预警与控制、数字化管理与信息服务等关键技术及产品上实现突破，大幅度提高农业生产经营管理效率和效益。

5. 农产品加工与质量安全创新

突破农产品加工与物流、清洁生产与全程控制、农产品溯源与安全检测、风险评估与技术标准等关键技术，创新一批技术标准、标准物质、产品标准和新产品，支撑农产品质量安全与农业增效增收。

6. 农业领域拓展创新

在生物降解地膜、生物质能源转化、新型生物制剂等新材料、新能源、新产品生产关键技术方面，创制一批新产品、新设备，培育新的经济增长点，支撑新兴产业发展，拓展现代农业新领域。

（五）农业科技生产的基本要求

1. 全力追踪现代农业科技

一是现代生物技术是 21 世纪先进农业的主导技术，也是支持农业发展的核心领域。随着分子生物学的发展，现代生物技术能够定向地改变生物的某些性状，大大缩短植物品种改良的周期，迅速提高新品种培育效率、农产品的产量与质量，以及农业资源的利用率，要突出抓好生物技术的应用，加快高新技术成果转化。二是现代农业工程技术把材料学技术、制造技术、工程技术、控制技术、生物技术和现代农业科技的发展融为一体。借助于农业工程设施，使农业减少甚至摆脱对于自然条件和人类劳动的依赖，要积极推广使用农业机械，实现农业机械化。三是现代信息技术正在迅速渗透到农业的各个领域，将对整个农业生产、农业经济、农业科研、农业教育以及农村发展和农村文化生活产生无法估计的积极影响。要突出信息科技在提高农产品产量和品质方面的重要地位，早日实现精确农业。

2. 合力组织农业科技攻关

一是实施作物良种科技行动，加强品种选育，种子质量标准化，优质苗木工厂化研究开发，建立产业化种植基地。二是实施农产品加工科技行动，建立农产品及加工产品的质量标准体系和监测体系，大幅度提高农产品转化率和附加值。实施农业高新技术产业化科技行动，加强区域性科技示范园区建设，实现农业科技工程化。三是实施绿色食品科技行动，以提高农产品国际竞争力为向导，开发各种绿色食品，实施精品名牌战略，带动外向型农业的发展。四是实施农业生态环境建设与减灾农业科技行动，重点加强生态林、节水农业、重大病虫害测报防治、避洪避涝和节水抗旱农业技术的研究开发与应用。五是实施科技致富示范行动，分区域搞好科技致富，坚持以科技开发为主，增强"造血"功能，促进农村致富奔小康。

3. 努力推进农科教结合

农科教结合就是以振兴农业和农村经济，实现农业与农村现代化为中心，以开展教育培训提高农民的科技文化素质为手段，以推广先进的实用技术为动力，把经济发展、科技进步和人才培养紧密结合起来，形成强大的合力，最大限度地发挥农业、农村科技和教育事业的整体功能和效益。农业发展靠科技，科技进步靠人才，人才培养靠教育，这是现代农业发展的客观规律。加强农科教结合，是农业科技创新的基本要求之一，更是实现农业现代化的一个重要途径。

(六) 农业科技自主创新的现实意义

1. 农业科技创新是推动农业经济发展的不竭资源

科学技术是第一生产力，农业科技创新更是农业经济发展的不竭资源，它通过对生产力诸要素的物化，使生产力发生质的变化。科技转化为劳动者的技能，提高了劳动者在农业生产中的能动性；科技物化为劳动资料、创新的生产工具，使劳动手段更加现代化；科技发展使劳动对象发生根本性的变化，提高了农业劳动对象的效能和效用；科技创新的生产工艺使农业生产工艺流程更先进；科技进步优化了生产要素组合，使农业生产过程的组织形式更加科学合理；科技创新提高了农业生产经营管理水平，使农业生产经营管理方法更加科学化，手段更加现代化。

2. 农业科技创新是未来农业发展的根本出路

"农业的根本出路在于科技。"只有依靠科技进步，通过农业科技的突破性成果和新技术的有效推广应用，才能实现中国农业的持续发展，最终早日实现中国农业和农村现代化。当前，制约我国农业及经济发展的因素很多，如水土流失不断加剧、环境污染日益严重、生态破坏愈演愈烈等。如何从根本上解决中国农业发展基本问题，使农业发展与人口、资源、环境、社会、经济协调起来，走可持续发展之路关键靠技术，靠创新的可持续农业技术才能彻底摆脱农业的"不可持续"局面。农业新技术的应用，可以合理开发和利用土地、水等自然资源，提高资源的产出效率；农业新技术应用，可以拓宽资源的范围，实现资源的有效替代，有效缓解现有资源的约束；农业新技术的应用，还为科学控制生态破坏和环境污染，开展科技减灾提供基本手段。

3. 农业科技创新是发展现代农业的关键所在

农业现代化，从一般意义上说，就是用现代科学技术和现代工业装备农业，用现代科学方法和现代手段管理农业，使农业的劳动生产率、土地利用率、农民的人均收入大大提高。农业现代化包括生产品种的良种化，生产资料的机械化、电气化、化学化，生产组织的区域化、社会化，生产技术的科学化，生产条件的水利化、园林化，经营管理的企业化、科学化。科学化、机械化和社会化是现代农业的三个基本特征，其本质是把农业建立在现代科学技术的基础上，用现代科学技术和现代工业来武装农业，用科学的方法和手段管理农业，目的是创造出一个高产、优质、低耗的农、林、牧、副、渔业生产体系和一个合理利用资源、保护环境的有较高转化效率的农业生态系统。因此如果没有科技创新和科技支持，农业是不可能实现现代化的。

4. 农业科技创新是建设新农村的迫切需要

建设社会主义新农村，要求我国农业由传统农业向现代农业转型，现代农业的典型特征是高产、优质、高效、生态和安全，这些都依赖于农业科技的不断创新和支撑，农业科技创新与应用已成为增强农业生产能力，提高农业生产效率，转变农业增长方式和推进现代农业建设的关键因素。当前农业和农村发展仍然处于艰难的爬坡阶段，构建社会主义和谐社会，统筹城乡经济社会发展，建设现代农业，发展农村经济，增加农民收入，离不开现代农业科技提供强有力的支撑。农业科技创新是解决我国农业问题的根本出路，只有加快农业科技进步与创新，才能提高我国农业综合生产能力，推动我国农业和农村经济结构战略性的调整，提高我国农业的国际竞争力，促进我国农业的可持续发展，保证我国的经济安全。

（七）农业科技自主创新的工作思路

加快推进我国农业科技生产步伐，当务之急就是要紧紧围绕现代农业发展的目标和要求，瞄准世界农业科技发展前沿，大力开展原始创新、集成创新和引进消化吸收再创新，进一步明确人才是科技创新的本源，科技推广是科技创新的核心，推广能力是科技创新的基础，产业开发是科技创新的动力，市场开发是科技创新的生命，辐射带动是科技创新的目的，科技政策是科技创新的持续这一理念，选准创新重点、做好创新规划、明确创新思路、夯实创新基础。力争在农业重大领域、前沿技术研发和应用上取得重要突破，以推动农业科技创新体系建设健康发展。

1. 深化农业科技创新体制改革

逐步完善农业科技生产机制：一是建立首席科学家负责制、建设跨区域、跨学科、跨专业的创新团队，积极探索以任务分工为基础，权益合理分配和资源信息共享为核心，项目为纽带的协作攻关机制。二是建立人员能进能出、职称能上能下，有利于各类人才脱颖而出、施展才能的选人机制；重在社会评价和业内认可的人才评价机制；体现岗位绩效，促进人才资源合理流动以及适应分级分类管理的收入分配机制，鼓励科技人员大胆创新、创业和深入农村第一线的激励机制。三是按照"抓大放小、合理布局"的原则，组建农业科研机构，包括建立国家级农业科研中心、地方农业科研分中心。通过"并、转、建、撤"等不同途径进行调整、改造和改建，以利于建立机构精干、结构优化、布局合理、科技力量集中的"国家队""地方队"。四是按照"稳住一批放开一片"的原则，建立科技人才队伍。一方面，要紧紧"稳住"一批优秀农业科技人才，使他们安心、专心从事农业科技研究，从课题、经费等方面予以支持。另一方面，要大胆"放开"，让一大批农业科技人员进入市场，进行应用研究和开发研究，使农业科研成果早日进入市场大循环。五是按照"有所为、有所不为"的原则，让农业科技人员抓准位置、选准课题，使科技资金得到充分利用、高效利用。六是创新农业科技成果的评价和鉴定制度。建立一套能客观、公正反映科技成果水平、质量、效益等全部内容的综合评价指标体系，指标要求既全面，又客观，同时量化并给予合理的权重，便于操作和比较。建立评审专家库，将真正办事公道、学术水平高的专家纳入到专家库。采用"背靠背"方式对成果进行评估、鉴定，以促进农业科学研究"早出成果、快出成果、出大成果、出真成果"。

2. 强化农业科技生产

要按照自主创新、重点跨越、支撑发展、引领未来的要求，进一步加强农业基础研究、前沿技术研究和共性技术研究，加快推进国家农业科技创新体系建设，努力使我国农业科技整体实力尽快进入世界前列，为发展现代农业，推进社会主义新农村建设奠定坚实基础。一是要把节约资源、保护生态环境作为研发的立足点。在技术方面，研发人员进行控释肥制作和机理研究，保证技术的先进性，提高肥料利用率，使肥料产品成为高技术载体。在成本方面，把解决控释肥价格高、推广难，作为着力攻克的技术瓶颈，尽可能降低肥料生产制作成本，努力使之符合我国农业生产的实际需求。二是要加强农业科技原始性创新。创新是一个民族进步的灵魂，是一个国家兴旺发达的不竭动力。必须抓住那些对我国农业与农村经济发展具有战略性、基础性、关键性作用的重大科技课题，抓紧攻关，自主创新。促进农业科技研发和推广应用，要高度重视科研单位、专家和合作企业、示范基地以及省、市、县之间协同配合，充分发挥合作企业的生产技术优势和科研院所的人才及科技创新优势，加快农业新技术、新产品的开发和转化。三是要以试验、示范为基础，不断反馈与改进，促进技术不断创新和产品质量不断提高；四是要高标准、高起点，瞄准国际前沿，形成创新性成果，服务于生产。要始终把握系统深入、自主创新、集成创新、综合应用的原则，充分利用国家和省重点实验室、省级工程技术研究中心的有利条件，强强联合，优势集成，努力提高研究创新水平和成果的先进性和实用性。

3. 增加对农业科技生产的资金投入

先进农业科学技术的发展已进入黄金时期，必须以相应的设施条件和先进的科研推广手段作保证，这就更需要足够的投入。农业科研公益性的特点，决定了国家是农业科研的投资主体。要大幅度提高对农业科技创新的投入，拨出专项经费建立农业科技发展基金，专门用于农业科学研究和技术推广工作。一是要增加农业科技教育的基本建设投资、体系建设经费、大型活动的专项经费及各种基地建设的配套资金。二是各项农业技术改进费必须按规定继续提取，由农业部门掌握，并征得有关方面意见，作出具体安排，专款专用，真正用于技术改进。三是各种基地建设资金、开发资金、扶贫资金、以工代赈资金、以工补农资金和农业发展基金等，都要划出一定的比例用于农业科技推广，为农业的持续发展积蓄后劲。四是对大型农业科技开发项目，要安排一定的专项贷款、贴息贷款、周转金以及部分无偿启动资金。五是要安排一定的启动资金和外汇额度，用于优质良种、先进技术、先进设备的引进。要加强科技创新的基础设施建设。六是围绕建立农业创新体系集中投入，加快农业生物重要种质资源发掘与重要遗传性状改良；加强农业病虫害发生规律及可持续控制研究；强化农业环境资源高效利用与生态安全研究；加强复合农业生态系统研究等。

4. 加强农业科技生产人才队伍建设

推进农业科技进步，人才是关键。一是要努力营造良好的人才培养环境，建立有效的激励机制，调动广大农业科研人员的积极性、创造性。要在全社会形成"尊重知识、尊重人才、重视农业、重视农业科技人才"的氛围，增加农业科技人才培养的经费投入，采取相关配套的激励机制和优惠政策。二是要下大力气培养和造就一批世界一流的农业科学家和科技创新领军人才，建设一支结构合理、业务素质高、爱岗敬业的农业科技创新队伍。三是既要稳住农业科技人才，又要鼓励人才合理流动。要千方百计地稳定现有农业科技人才，使其安心工作、专心钻研，也要允许合理的人才流动，尽量使其"各尽所能、各得其所"。

5. 促进农业科技生产成果产业化

要积极促进农业科技生产成果产业化。农业科技成果产业化是科技与经济结合的多层次的科技经营活动，是农业科技直接进入农业与农村经济，加速科研成果转化为现实生产力，实现农产品有效供给，提高农民收入，增强农业科技机构自我发展能力的重要途径与模式。一是要大力推进农科教结合、产学研协作，充分发挥农业科研院所、大专院校在农业技术推广中的积极作用，开展各种类型的农业科技成果展示和技术示范活动，鼓励农业科技人员深入生产一线，针对农业生产需要和农民需求开展技术研发与科技服务，构建课题来源于实践、成果应用于生产的有效机制。二是要适应新形势、新任务的要求，使更多的农业科技创新成果转化为现实生产力。要建设充满活力的多元化的农技创新成果推广机制，形成一支业务素质较高、数量稳定的基层农技推广队伍。三是要加快完善农业技术推广服务模式，以科技入户工程为平台，整合各方面科技力量和科技资源，形成共同推进农业科技成果转化和应用的合力。要多形式、多渠道、多途径开展农业科技培训，提高农民对先进适用技术的接受能力和应用水平。四是要加强农业科技成果转化与市场结合。科研和推广人员要树立起强烈的市场意识，研究开发和推广有市场前景和发展前途的成果，再依据市场反馈信息指导下一步工作，以形成研究、开发、推广、转化的良性循环。加强传统农业生产方式和现代农业生产技术的结合。要因时制宜、因地制宜，用已物化的技术，适宜个体、集约经营的技术来增强生产能力。

（八）农业科技生产的实现途径

1. 加快农业科技的推广和普及

一个健全：尽快健全各地、各级农业技术推广、服务网络体系，做到县、乡、村有推广站，省、市有推广中心，并配备必要的农业科技人员和相应的仪器、设备、设施及应有的工作条件、推广经费等。两个转变：一是工作中心转变，将推广工作的重心由以"技术"为中心转变为以"农民"中心，真正将农村推广工作的重心转变为"面向农民、面向农业、面向农村"。二是推广机制转变，真正实现由单纯依靠行政手段转变为依靠行政手段和市场机制的有机结合，并逐步强化市场机制的功能。三个结合：科研、示范、推广三者结合，有利于农业技术的推广。当前，全国很多地方建立的"农业技术示范园区""农业高新技术示范园区"就是要推动农业科研、示范、推广三者有机结合。四个到位：将技术、资金、物资和优惠政策及时送到千家万户，送到农民手中，这是农业科技推广、普及工作得以"生根、开花、结果"的关键所在。

2. 稳定壮大农业科技推广队伍

各级人民政府和有关部门要全面落实《农业技术推广法》的有关规定，采取有效措施，保持农业技术推广机构和专业技术人员的稳定，改革中要防止农业第一线科技人员的流失。技术推广机构的经费，应当由国家财政负担，不能随意搞"脱钩""断奶"。经费数额不但不能减少，而且应当随着财政收入的增长不断增加。要加快农业技术推广体系改革和建设，积极探索对公益性职能与经营性服务实行分类管理的办法，完善农技推广的社会化服务机制，鼓励各类农科教机构和社会力量参与多元化的农技推广服务。乡镇农技推广机构是国家农技推广机构的组成部分，是国家基层事业单位，对其管理，应坚持条块结合，以条条为主的管理体制。现阶段，农技推广体系建设的基本要求和目标是：尽快建立和健全农技推广机构与农业科研教学单位以及群众性科技组织、农民技术人员相结合的推广体系。形成多层次、多形式、多成分的网络，具有产前、产中、产后结合服务功能，建立国家保障与自我积累相结合的发展运行机制，为农业和农村经济的全面发展提供优质、高效的社会化服务。同时，要建立激励机制，设立奖励基金，对在农业科研、教学、推广工作中作出贡献的科技人员给予重奖。

3. 大力培训新型农民

农民是建设社会主义新农村的主体，也是农业科技创新的受体，农民素质的高低决定了农村社会发展的速度和质量，是农村全面建设小康社会的最本质、最核心的内容，也是解决"三农"问题最为迫切的要求和关键所在。实现农业和农村现代化，建设社会主义新农村，就必须培养出千千万万的"有文化、懂技术、会经营"的高素质的新型农民。要广泛开展新型农民科技培训、阳光工程培训、实用技术培训等多种形式的培训班，积极组织好科技咨询、技术培训、科技直通车、农业科技110、农家书屋等活动，帮助农民提高科学文化素质，通过"农民夜校""农业广播电视学校"，进行电视专题讲座、科普讲座和"三下乡"活动，直接把科技送到农民手里，整村推进农业科技进村入户。要健全农民培训体系，充分发挥政府的主导作用，切实加大投入力度，整合农业科研教学单位等各类教育培训机构的力量，鼓励企业、农村合作经济组织、中介机构等社会力量积极参与，形成一批布局合理、设施良好、教学水平高、受农民欢迎的农民科技培训基地。

4. 开展国际合作与交流

要坚持"引进来"与"走出去"相结合，在更大范围、更广领域和更高层次上推进农业科技国际合作与交流，积极开展合作研究、联合开发和合作经营，以及创办高新技术产业等形式的国际合作，取长补短，积极参与世界农业科技创新的进程，向世界贡献农业科技进步的成果；紧密围绕我国建设现代农业的重大科技需求，深刻把握国际农业科技发展的脉络和走势，全面了解世界农业科技的前沿和热点，积极引进、消化和吸收国际先进技术、科学方法与管理经验，加速我国的农业科技创新步伐。

（九）创新人才推进计划和农业科研杰出人才培养计划

2007年，为了贯彻落实《国家中长期人才发展规划纲要（2010—2020年）》，由科技部、人力资源与社会保障部、财政部、教育部、中国科学院、中国工程院、国家自然科学基金委员会和中国科学技术学会联合制订和发布了创新人才推进计划（以下简称推进计划）。推进计划旨在通过创新体制机制、优化政策环境、强化保障措施，培养和造就一批具有世界水平的科学家、高水平的科技领军人才和工程师、优秀创新团队和创业人才，打造一批创新人才培养示范基地，加强高层次创新型科技人才队伍建设，引领和带动各类科技人才的发展，为提高自主创新能力、建设创新型国家提供有力的人才支撑。

根据计划，到2020年，推进计划的主要任务是：设立科学家工作室；造就中青年科技创新领军人才；扶持科技创新创业人才；建设重点领域创新团队；建设创新人才培养示范基地。其中，重点在我国具有相对优势的科研领域设立100个科学家工作室，支持其潜心开展探索性、原创性研究，努力造就世界级科技大师及创新团队；以高等学校、科研院所和科技园区为依托，建设300个创新人才培养示范基地，营造培养科技创新人才的政策环境，突破人才培养体制机制难点，形成各具特色的人才培养模式，打造人才培养政策、体制机制"先行先试"的人才特区。

农业科研杰出人才培养计划，是2011年11月由农业部、教育部、科技部和人社部联合制订的旨在强化科研杰出人才培养的计划。2011—2020 年，将选拔、培养 300 名农业科研杰出人才；在部分国内尚属空白且国内急需的学科领域，将计划从国外引进相关科研杰出人才。从 2011 年开始，将启动实施农业科研杰出人才培养计划，分别在"十二五"和"十三五"期间分两批组织实施，每批选拔 150 名，分年度给予国家专项资金支持，在 2020 年对该项目实施情况及成效进行综合评估。在选拔、培养杰出农业科研人才的同时，国家将给予专项经费支持，重点在全国建立 300 个农业科研创新团队，加强农业科研队伍的建设，通过学习培训、合作研究、实践考察、交流引进等方式，每个团队培养 10 名左右的成员，在全国建立一支 3 000 人左右的学科专业布局合理、整体素质较高、自主创新能力较强的高层次农业科研人才队伍。

二、发展现代农业

中国是一个农业人口众多的发展中国家，农业发展一直以来都是国民经济的重要环节，也是经济发展、社会稳定的重要基础。农业是安天下、稳民心的战略产业，事关我国现代化建设大计、民生大事，任何时候都不能动摇和削弱。目前，我国正处于工业化中后期、城镇化加速推进的关键时期，农业占 GDP 的比例虽然仅为 10% 左右，但农业的基础地位不仅不能改变，而且要更加突出和强化。农业的现代化发展关系着国家粮食安全，关系到 13 亿多人的吃饭问题、6.4 亿农村人口的就业与增收问题，关系到我国工业化、城镇化、信息化发展的稳步推进，关系到统筹城乡、区域协调与可持续发展的长远战略。

（一）农业是整个国民经济现代化的安全基石

农业是人类的衣食之源、生存之本。长期以来，我国农业在国民经济发展中扮演着十分重要的角色。"农业丰则基础强，农民富则国家盛，农村稳则社会安"，我国国民经济的持续快速发展得益于农业的基础作用。

从认知层面上看，早在新中国成立初期确定国家发展道路问题时，毛泽东就指出，我国是一个农业大国，发展工业必须和发展农业同时并举，并提出了以农业为基础，以工业为主导的方针。20 世纪 80 年代，邓小平在多次谈话中也强调，要坚持以农业为基础，强调把农业放在各项产业发展的首位，确立以农业为基础、为农业服务的思想。进入 21 世纪，党中央承前启后，创新性地提出了新时期农业现代化的发展战略，包括统筹城乡发展、农业产业化发展、区域农业持续发展，以及"科技兴农"发展战略，分别从空间、产业、区域和科技等层面，概括提出新时期农业现代化发展目标。党的十八大报告明确提出，坚持走中国特色新型工业化、信息化、城镇化、农业现代化道路。首次提出同步发展农业现代化，这是对农业现代化的最新定位，确立了农业现代化与其他"三化"同等重要、不可替代的战略地位。党的十九大报告提出了乡村振兴战略，要求从多个层面促进农村全面发展。

从实践层面上看，新中国成立到改革开放初期，我国农业发展的核心任务是为工业发展提供劳动力和原材料资源，国家实行了严格意义上的农村支援城市、农业支持工业的发展战略，工农产品价格"剪刀差"使农村居民的收入水平和生活水平明显低于城市居民，农业现代化的发展步伐相对较慢。党的十一届三中全会召开之后，随着改革开放战略的深入推进，我国工业化、城镇化进程也随之加速。特别是在党的十六大提出"五个统筹"背景下，统筹城乡发展、工业反哺农业、城市支持乡村的转型战略出台，为加快我国农业现代化发展提供了政策支持和支撑。国际实践经验证明，实现国家现代化，必须以农业现代化作为保障和前提；实现国民经济的快速发展，必须将农业现代化作为发展的基石。党的十八届三中全会作出了全面深化改革若干重大问题的决定，要求加快构建新型农业经营体系。坚持家庭经营在农业中的基础性地位，推进家庭经营、集体经营、合作经营、企业经营等共同发展的农业经营方式创新。

（二）农业现代化是中国繁荣农村经济的必由之路

农业现代化是我国农业与农村经济繁荣、持续发展的必由之路，是建设社会主义新农村的重要支撑和保障，是促进粮食生产稳定发展和农民持续增收的必然要求。中国农村发展的落后，首先是经济的落后。改变农村落后面貌，激活农村发展活力与创新能力，建设社会主义新农村，其首要任务是加快建设现代农业，繁荣农村经济，大力发展农村生产力，提高农民生活水平和生活质量。脱离了现代农业的发展，农村其他各项建设就会丧失坚实可靠的物质基础。

粮食生产稳定发展、农民收入持续增加，是我国农业与农村工作的两大基本目标和长期任务。虽然我国实现了粮食产量的十年持续增长，农民收入增幅也逐渐加大，但目前制约农业与农村发展的深层次矛盾尚未消除，促进粮食生产稳定发展、农民持续增收的长效机制尚未建立，耕地资源、水资源的约束不断加大，农业生产条件依然落后，农业经营效益仍然较低。当前和今后一个时期继续保持农业增产增收良好势头的基础并不牢固，促进农村经济增长的原动力日显不足，农业现代化发展成为解决这一问题的根本途径。

通过推进农业现代化，改善粮食生产条件，提高粮食综合生产能力。通过农业生产手段的现代化、生产技术的科学化、经营方式的规模化、生产服务的社会化、生产布局的区域化、基础设施的现代化，可以全面改善农业生产条件，提升农业综合竞争能力。通过完善和强化农业扶持政策，加强农业补贴的力度及其针对性，可以保障粮食生产的持续性和稳定性。

通过推进农业现代化，实现农业产业化经营，延长农业产业链，可以优化农业生产要素，不断提升农产品价值，扩大农业就业范围，提高农业就业品质。因此，推进农业现代化能够让农业经营更有效益，让农民留在农村体面就业，让农业成为有奔头的产业。农民在农业现代化进程中不仅是重要的主导者，而且也应成为最大的受益者。

（三）农业现代化是"四化同步"发展基础和必然要求

党的十七大报告首次提出"走中国特色的农业现代化道路"，党的十八大报告再次指出"应坚持走中国特色的新型工业化、信息化、城镇化、农业现代化道路，推动城镇化和农业现代化的相互协调，促进四化的同步发展"。工业化、信息化、城镇化和农业现代化是我国社会主义现代化建设的重要组成部分。工业化、信息化和城镇化需要农业现代化提供物质、人力资源，以及广阔的市场，农业现代化需要工业化、信息化和城镇化的支持、辐射、带动。必须以新型工业化、信息化带动和提升农业现代化水平，以城镇化带动和推进新农村建设，以农业现代化夯实城乡发展一体化基础。党的十九大报告提出了乡村振兴战略，对城乡融合、一二三产协同发展制定了更高的目标。

农业现代化与工业化、信息化、城镇化发展应是一体的。从世界经济社会发展历程看，一些国家在工业化、城镇化建设进程中，注重同步推进农业现代化发展，出台优先支持农业的保护和扶持政策，从而平稳较快地迈进现代化国家行列。然而，有一些国家和地区，在工业化、城镇化发展过程中，忽视了农业现代化的基础性地位，结果出现了农业衰退、农村贫困、城乡差距拉大，以及城市失业人口过多、公共服务严重不足等现实问题，甚至导致社会动荡、经济萧条。改革开放以来，我国经济建设与社会发展的经验也充分证明，只有着眼于国民经济与社会发展全局，稳定农业生产和推进农业现代化，发挥工业化、信息化、城镇化对农业现代化的支持和带动作用，才能从根本上促进解决"三农"问题，推进城乡经济社会一体化发展。

农业现代化有利于推进工业化、城镇化的健康发展，关键在于农业现代化能够有效整合农村资源、提高农业生产效率，释放农村剩余劳动力和土地资源潜力，进而为城镇化和第二产业、第三产业的协调发展提供劳动力与土地保障，促进城镇化的质量提高，推动工业化的持续发展。

加快工业化进程能够提升农业现代化水平，是因为工业化可带来制造业及相关非农产业部门在国内生产总值中所占比例的不断上升，增加农业科技含量和物质产品总量，降低农业材料与机械产品生产成本，实现农业机械化水平提高和农业生产效率提升，从而推动农业现代化。同样，健康的城镇化进程，能促使农业剩余劳动力向二、三产业转移，通过优化农村人地关系，为农业规模经营、标准化生产提供重要物质基础、技术装备和土地保障。城镇化进程中土地非农化及其非农收益反哺农业，有利于激励农业生产效率的提高，进而促进集约农业、高效农业、园区农业、有机农业、工厂农业的兴起和发展，稳步推进农业现代化。

创新驱动是工业化、信息化、城镇化和农业现代化的不竭动力。工业化、城镇化进程中各类资源在城市集聚，总体上有利于促进科技创新、技术研发和应用推广。根据比较优势与市场需求准则，逐步形成中国特色农业科技创新与推广体系，促进农业科技水平稳步提高，为科技型、内涵式、高效性的现代农业发展创造优越条件。同时，大量进城务工的农村劳动力直接参与了工业化、城镇化进程，如果他们返乡创业建设家乡，能将城市地区较为先进的经营、管理经验和技能带回农村传播，有利于搭建城乡要素、产品自由交换的新平台，为现代农业新的要素组织、方式变革带来新的活力和动力，因而成为新时期中国农业现代化发展的重要推动力量。

（四）农业现代化是推进城乡一体化发展的重要途径

党的十八大报告强调，"解决农业农村农民问题是全党工作重中之重，城乡发展一体化是解决'三农'问题的根本途径"，将城乡一体化发展提升到前所未有的战略高度。通过完善城乡一体化发展的体制机制，促进城乡要素平等交换和公共资源均衡配置，形成以工促农、以城带乡、工农互惠、城乡一体的新型工农、城乡关系。

我国总体上已迈入工业化中后期阶段，但工业发展的基础仍然较为薄弱，核心竞争力不强。随着产业转型和生产方式转变，吸纳农村剩余劳动力的能力将会减弱。而且，随着资源环境约束的加大，我国工业发展在今后相当长一段时间内仍将面临巨大挑战。从我国基本国情来看，在今后相当长时期内，工业反哺农业、城镇支持农村相比发达国家仍会处于较低的水平。我国人口城镇化率虽然已超过50%，但据相关专家估算，真正享受到城镇居民待遇的城镇人口仅为35%左右。在未来一段时间内，解决已经进城人口的基础设施和公共服务设施配置都将成为城市发展面临的巨大挑战。城市经济发展对近郊区乡村的带动作用明显，但对广大的远郊区乡村，由于大多数城市处于加速发展阶段，加上城乡二元结构的约束，其辐射带动作用仍然十分有限。

总体上讲，我国城乡一体化发展仍处于工业反哺农业、城市支持乡村的初级阶段，仅仅依靠工业和城市的带动，远远不能解决农业、农村和农民的现实问题。只有通过大力推进农业现代化建设，不断增强农业发展的竞争力、农村发展的活力和农民创业的能力，提高农业接受工业反哺的效率，强化城市带动的效益，才能真正实现城乡发展一体化。

（五）农业现代化是农业、农村可持续发展的根本保障

我国是世界上人口最多的国家，农业自然资源的总量较大，但人均资源拥有量却偏小，人均耕地和水资源拥有量均不及世界平均值的一半。农业发展总体上是剩余劳动力多，但人均资源少；农产品产量高（总单产），但人均产出少；物质投入总量多，但人均量相对少。农业生产在满足人们生存需求的同时，也给生态环境带来了许多消极影响。农业资源和能源的过度消耗，严重破坏了农村生态环境，导致农村地区生态环境恶化、水土流失、土地退化、生物多样性减少。同时，还带来日益严重的食品安全问题，威胁到城乡居民的正常生产生活，影响着农业与农村可持续发展。

农业现代化是破解水土资源约束难题，实现农业环境友好、资源节约型发展模式的根本途径，也是实现农业与农村可持续发展的根本保障。通过农业现代化发展，提高农业生产效率、改善农业生产条件，使农业资源得到合理的开发利用。通过不断革新农业生产技术，创新农业生产理念，改善农业生产管理模式，推进循环农业、生态农业发展，进而减小对环境的影响和破坏，通过农业生产的生态化、高效化，促进农业与农村的可持续发展。

三、如何进行科学创业

（一）抢抓农业创业的机遇

所谓"三农"问题，是指农业、农村、农民这三大问题。中国是一个农业大国，农村户籍人口接近 9 亿人，占全国人口 70%；农村居住人口达 6 亿多人，占总人口的约 50%。"三农"问题的解决必须考虑农业自身的体系化发展，还必须考虑三大产业之间的协调发展。"三农"问题的解决关系重大，不仅是农民兄弟的期盼，也是党和政府关注的大事。

近年来中央每年的一号文件都锁定在"三农"问题上。按照坚持以人为本，加强农业基础，增加农民收入，保护农民利益，促进农村和谐，振兴乡村的目标和取向，利用好农业政策平台是农业创业者必走的"捷径"。其特点是操作性强，导向明确，重点突出，受益面大。在这个情况下，农业创业者则面临着前所未有的政策机遇，这些优惠的农业政策为农业创业者进行创业，提供了良好的创业机会。

（二）确定农业创业项目

通过认识农业创业的优势后，创业者在创业时要做的第一件事情就是要选择做什么行业，或者是打算办什么样的企业，如在土地里选择种植什么、池塘里选择养殖什么、利用农产品原料加工成什么新产品、为农业生产提供什么服务等，也就是要选择农业创业项目，这是创业者在创业道路上迈出的至关重要的第一步。

1. 了解我国的行业分类

从总体说，我国的产业构成分为三大块，即第一产业、第二产业、第三产业。

第一产业就是产业链上的基础行业。我国指的是农业（包括林业、牧业和渔业等）。有的国家把矿业也列为第一产业，但在我国则将矿业列为第二产业。

第二产业就是产业链上的制造业，指的是以第一产业的产品为原料进行加工制造或精炼的产业部门。各国划分的范围也不尽相同。我国的第二产业指工业和建筑业。

第三产业就是服务业，也指第一产业、第二产业以外的其他行业，即不直接从事物质产品生产、主要以劳务形式向社会提供服务的各个行业。如交通、电信、商业、餐饮、金融、保险、法律咨询乃至文化教育、科学研究等行业。

依据1984年国家计划委员会、国家经济委员会、国家统计局、国家标准局联合发布的《国民经济行业分类和代码》，上述产业又可以进一步细分为13个门类。

（1）农、林、牧、渔、水利业。

（2）工业。

（3）地质普查、勘探业。

（4）建筑业。

（5）交通运输业和邮电通信业。

（6）商业、公共饮食业、物资供销和仓储业。

（7）房地产管理、公用事业、居民服务业和咨询服务业。

（8）卫生、体育和社会福利事业。

（9）教育、文化艺术和广播电视事业。

（10）科学研究和综合技术服务事业。

（11）金融、保险业。

（12）国家机关、党政机关和社会团体。

（13）其他行业。

在这 13 个门类的统属下，具体的小行业那可就千姿百态，不胜枚举了。

每位有心创业的农民朋友都不妨根据自己的职业兴趣，先从这三大产业群、13 个行业门类中寻找出大致方向，再一步步地逐渐细化，使自己的创业目标既明确具体，又合乎自己的兴趣与现实条件，成功的概率自然也就相对地更大了。

2. 如何选择创业好项目

（1）选择国家鼓励发展、有资金扶持的行业。这是选择好项目的先决条件。因为国家鼓励的行业都是前景好、市场需求大，加上资金扶持，较易成功。如现代农业、特色农业正是我国政府鼓励发展的行业。

（2）选择竞争小、易成功的项目。创业之初，资金、技术、经验、市场等各方面条件都不是很好时，如选择大家都认为挣钱而导致竞争十分激烈的项目，则往往还没等到机会成长就被别人排挤掉了。成功的第一个法则就是避免激烈的竞争。

目前人们的传统赚钱思路还在于开工厂、搞贸易上，因而关注、认识农业的人很少、竞争很小，只要投入少量的资金即可发展，有一定的经商经验及文化水平的人去搞农业项目，在管理、技术及学习能力上都具有优势。比现在从事农业生产的农民群体更容易成功。

（3）产品符合社会发展的潮流。社会在发展，市场也在变化，选择项目的产品应符合整个社会发展的潮流，这样产品需求会旺盛。目前我国的农产品价格还处于较低的价位，随着经济和生活水平的不断提高，人们对绿色食品、有机食品的需求会越来越大，产品价格也会逐步走高，上升空间大，经营这些项目较易成功。

（4）技术要求相对简单，资金回笼快。对于中小投资者而言，除了资金回笼快、周期短，同时项目成功的因素还取决于其技术的难易程度，这也是保证项目实施顺利、投资安全的因素，因此，选择技术要求相对简单的种植、养殖、加工项目风险较小。

（5）良好的商业模式。商业模式是企业的赚钱秘诀。好的商业经营模式可以提供最先进的生产技术和高效的管理技术以及企业运营良好方案，这样可省去自己摸索学习的代价，能最快、最好、稳妥地产生效益。

（三）制订创业计划

在寻找到创业项目之后，形成一份创业计划书是必不可少的。因为有创业项目后，还必须考虑合适的创业模式、恰当的人员组合和良好的创业环境。制订创业计划，就是使创业者在选定创业项目、确定创业模式之前，明确创业经营思想，考虑创业的目的和手段。为创业者提供指导准则和决策依据。

1. 创业计划的含义

创业计划是创业者在初创企业成立之前就已经准备好的一份书面计划，用来描述创办一个新的风险企业时所有的内部和外部要素。创业计划通常是各项职能如市场营销计划、生产和销售计划、财务计划、人力资源计划等的集成，同时也提出创业的头三年内所有长期和短期决策制定的方针。

创业计划也是对企业进行宣传和包装的文件，它向风险投资企业、银行、供应商等外部相关组织宣传企业及其经营方式；同时，又为企业未来的经营管理提供必要的分析基础和衡量标准。在过去，创业计划单纯地面向投资者；而现在，创业计划成为企业向外部推销自己的工具和企业对内部加强管理的依据。

2. 创业计划的作用

"三思而后行"。做任何事情都要事先做好计划，创业尤其如此。在创业初期，创业者不可能对市场有很详细的调查数据，也无法准确地了解竞争对手的情况，创业计划可能不会规划出必然的蓝图，但是，至少有着以下几个方面的作用。

（1）把计划中要创立的企业推销给自己。通过创业计划的制订，创业者必须建立自信，应该以认真的态度对自己所拥有的资源、已知的市场情况和初步的竞争策略做一个简单的分析，并提出一个初步计划。通过将心中的设想编写成书面的、规范的创业计划，创业者可能会发现，事情原来并非想象中的简单，原来很多因素都没有想到，很多设想都不现实。这时候，需要创业者保持清醒的头脑，客观地、严肃地、不带个人主观情感地从整体角度审视自己的创业思路，并且适当地进行调节，使得计划更趋完美，以确保计划的可操作性。当然，通过撰写书面的创业计划，如果发现原来的设想根本不可能成为现实，创业者不得不放弃该创业念头时，千万不要勉强。

（2）把要创办的风险企业推荐给风险投资家。创业计划是创业融资的必备工具。对于初创的风险企业来说，创业计划的作用尤为重要。企业的成长基本上离不开外来资金。如果没有创业计划，创业者就无从知道创办这家企业所需资金的确切数目，也就不知道到底还缺多少资金。风险投资家都要求创业者提供创业计划，他们依据创业计划进行评价和筛选，选择他们认为最有发展潜力的企业进行投资。但是，必须明确的是，即使创业者不需要借钱，也不需要寻找合作伙伴，但必须撰写详细的创业计划。

（3）有利于获得银行贷款等其他资金。银行一般只要求申请贷款的企业提供过去和现在的财务报表。但是，初创的企业经营风险太大，为这类企业提供贷款，银行一般先要求创业者提供创业计划。对于银行来说，一份制作规范而专业的创业计划就等于一张考究的名片。一份书面的创业计划会提供很多的信息，是一份浓缩了的企业经营设想。一份详尽的、与众不同的、切实可行的创业计划将大大降低银行发放贷款的风险，增加获得贷款的机会。当然，创业计划也有利于初创企业获得其他形式的资金支持。

（4）有利于企业的经营管理。完美的创业计划可以增强创业者的自信，创业者会明显感到对企业更容易控制、对经营更有把握。因为创业计划提供了企业全部的现状和未来发展的方向，也为企业提供了良好的效益评价体系和管理监控指标。创业计划使得创业者在创业实践中有章可循。

创业计划还可以激励管理层以及公司普通员工。在创业初期，"人才可遇而不可求"。一个很重要的问题，就是如何让每一位成员了解本企业的发展战略和创业计划，并朝同一目标努力。如果企业内部的每一位员工对企业的发展战略有不同的看法，则企业就很难取得什么成就。获得认可的创业计划有助于把所有成员凝聚在一起，真正做到"心往一块想，劲往一处使"。

（四）实施创业计划

通过策划和调研，真正确定了创业的项目，制订了创业计划书，开始实施创业计划时，还必须对创业规模、组织方式、组织机构、经营方式等方面做出决策，这将涉及一系列具体的问题，包括资金筹措、人员组合、场地选择、手续办理等。在这里，介绍实施创业计划的一些条件准备和基本程序。

1. 创业融资

创业者成立企业，除了一些基本工作之外，还需要创业资金。拥有的资金越多，可选择的余地就越大，成功的机会就越多。如果没有资金，一切就无从谈起。对于广大的创业者来说，创业初期最大的困难就是如何获得资金。融资的方式和渠道多种多样，创业者需要进行比较，并确定适合于自己的融资方式和途径。

2. 人员组合

选择了创业目标，制订了创业计划，明确了创业模式，确定了产品或服务方案，资金也筹措到位后，选择最佳的人员配备和组合就成了创业者的一个重要任务。

创办一个企业，如果有一个充满活力和凝聚力、具有协调性和开拓性的人员组合体，这个企业必将有一个良性发展的开端，能极大地调动起每个员工的工作积极性，营造出一个团结协作、以企为家的和谐氛围。

人员的组合只有在一定的范围内，依据有关方法，遵循必要的人员组合原则和标准，才能使人力资源配置达到最佳状态。

3. 确定经营方式

初创业者，规模不论大小，因为大有大的优势（大船抗风浪能力强），小有小的好处（小船好掉头），但发展到一定程度之后，"航速"已经平稳，一切走上正轨，就不能不讲究规模与技术水平。否则永远只能在低水平上徘徊，自身难以发展。而在市场经济中，得不到发展常常也就意味着衰败的来临。

农民工创业之初，企业的自身发展常常受到各种条件或因素的局限，规模与速度都很难尽如人意。偏偏小企业抗衡市场风浪的能力又非常孱弱，于是就陷入了一个怪圈：企业小，难抗风浪，困难多，发展甚至生存更艰难，困难更多。

怎么解决这个难题？各地农民朋友已经想出了许多很好的办法。

（1）股份制。就是大家各出股金，集中管理运作，共同投入于某一项目。举全体之力，奋力一搏。

（2）联营制。也称"公司+农户"。即对外是一个统一的公司，统一商标，统一营销，统购原材料，统一质量标准；对内实际上则是各家各户单独种植、养殖或加工制造，分批分类交售。

（3）协会制。就是组建行业协会，由协会统一质量标准或营销价格，各会员则自行组织生产、销售。

以上方法各有不同的适宜对象。创业中的农民朋友们可以根据自己的情况来斟酌选择。

4. 场地选择

1991年4月23日，麦当劳在中国的第一个餐厅开业，由此创造了新的纪录，成为中国发展最为迅速、市场占有率最高的快餐食品。麦当劳的创始人曾经提到，商业成功中的三个重要因素就是"选址、选址和选址"。对于商业服务企业，只有选好址、立好地，才能立业、立命。有经验的企业家都能意识到选址定位的重要性。一些快餐业和超市连锁店经营失败的直接原因就是选址不当。

无论企业是刚刚开始，还是企业已经发展到成熟期，选址定位对企业的发展都是相当重要的。虽然选址要花费一定的精力、时间或金钱，但是如果能提高成功的概率，你所投入的一切完全是值得的。

创业者在立志创业以后，在确定创业目标、拟订创业计划、筹集创业资金等的同时，要考虑创业的厂（店）址问题。对于任何企业，其所处的地理位置在很大程度上将决定企业能否成功，特别是所创企业从事零售业或服务业时店址更可能成为企业能否成功的关键。因此，创业者一定要慎重地选择企业的厂（店）址。

第四节　农业职业经理人的工作技巧

一、做好现代农业要把握好一个中心：聚焦

产品聚焦、市场聚焦、投入聚焦，是任何企业任何阶段成

功的基本原则。这不是能力问题，这是消费者接受习惯和市场运作规律决定的。可是，多数新型农业主体，对这个原则和规律领会不够，丝瓜、西葫芦、番茄……什么都种，一下子生产和推销众多产品。结果，产品多而不精，企业散而不强。产品越多，企业越小；企业越小，推出的产品越多。看似琳琅满目，实则没有明星产品，没有市场主导力，一款产品一年下来销售只有几十万元、上百万元，根本谈不上品牌！

中鹤集团之所以了不起，是因为拥有数个卓越的产品。新乡市有个种丝瓜的合作社，建立了几千亩的丝瓜基地，全年只生产丝瓜，这就是战略性明星产品，合作社的命运主要由丝瓜产业决定。娃哈哈集团的营养快线，雀巢公司的速溶咖啡、奶粉、瓶装水，双汇集团的"王中王"火腿肠都是如此。

知名品牌的成功都是聚焦的成功，世界 500 强企业中，单项产品销售额占总销售额 95% 以上的 140 家，占 500 强总数的 28%；主导产品销售额占总销售额 70%～95% 的 194 家，占 38.8%；相关产品销售额占总销售 70% 的 146 家，占 29.2%；而无关联多元化的企业则是凤毛麟角。

可见，正确的做法是聚焦、聚焦再聚焦，通过聚焦战略性明星产品、聚焦市场，建立地位、突破对手、收获利润和塑造品牌，之后才有机会进一步扩张。

二、做好现代农业的两个抓手：基地和品牌

抓手一：基地

基地是产业的基础，是新型农业经营主体市场发力、品牌创建的基础。做现代农业不能只顾眼前，要有产业眼界，要夯实产业的基础——基地。

产业基础包括：①种养基地的整合、扩大和规范化、科学化管理。②产地产品、地理标志产品、绿色有机认证的申报；独家特色品种的申报、相关奖项的评选。③对省和国家顶级科

研单位技术力量的整合借势。④对国家和地方政府相关政策、项目或者资金支持的争取。⑤对品牌和商标乱局的清理整治。

在基地建设、夯实产业基础的过程中，农业企业对产业资源的整合能力，对大规模生产的组织能力都将获得大的提升。先做产业再做市场，是农业产业特有的发展规律。

抓手二：品牌

一直以来，做品牌是我国农业的短板之一，地方土特产经营者苦于找不到方法。

很多农业企业、农场、合作社只有原生态初级产品，只能以原料的形态低价出售。新型农业经营主体不知道如何才能让产品增值，不知道什么产品才是市场需要的，继而盲目开发产品；还有的经营主体，轻易加大重硬件的投入，结果设备到位了，市场也饱和了；还有的看不到市场机会，当地很多水果品种、特色食品、地方特产群龙无首，处在无品牌和高质低价状态。

现在做农业的老板和职业经理人喜欢找政府立项套钱，没有把功夫下在从市场中赚钱！结果，资金到位了，项目启动了，结果农业项目因不能产生长期效益而最终停滞。

农业职业经理人要把精力和工作重点从产业的前端（要钱、要政策、建厂房、搞生产），向产业的后端（产品增值、市场营销、品牌创建）转移，让农产品从农场进入工厂，从工厂进入市场，从市场进入千家万户的厨房，彻底实现农产品的增值化、市场化和品牌化，引领企业步入自身造血、快速健康发展的轨道。

新型农业经营主体必须掌握市场营销和品牌塑造的路径与方法。要在实践中学习，向书本学习，向国外先进的农业企业借鉴，在与农业咨询公司合作中学习！

【知识链接】农业产业微笑曲线

中国农业的产业链条符合施振荣所述的微笑曲线规律，我国现阶段，农业产业链中间的种养环节和普通的加工环节比较强，可惜这是获利能力最低的环节。在产业链的前端，品种研发、种养科技配套应用薄弱，能够形成优势产品的能力低下；在产业链的后端，做品牌做市场的能力不强，产业太分散，营销很传统，产品增值方法匮乏，好产品卖不出好价钱。

三、做好现代农业的三个策略：品牌、市场和互联网

（一）品牌策略

做品牌，是做现代农业的重要抓手，因为品牌是超越传统农业、开拓市场的利器，是企业积蓄与释放能量、实现可持续发展的源泉。

做品牌，要对品牌名称、品牌价值、品牌核心形象、品牌故事等大胆创新，缜密策划。这些无形的东西随着产品走向市场，在产品销售的过程中，无形变有形，市场声誉会聚集在品牌上，品牌变得强大起来，之后，品牌就会帮助产品开拓市场和稳固市场。在消费升级和同质化严重的农产品市场上，做品牌是必备的硬功夫！

（二）市场策略

一是做升级的市场。

在市场策略上，从品牌到渠道再到目标消费人群，都要向高端走，低端市场不缺少产品。工商资本做现代农业的目的就是要升级农产品消费市场。

在现代农业中，对农产品进行加工和做自身品牌，就是提升产品的价值，提高与同类产品的差异，使企业具有更强的溢价能力。因此，所有的市场策略应放弃自然状态的市场，一定

要向上走，使产业升级、消费升级，在高溢价市场中营利。

二是传统渠道要紧抓，新兴渠道要抓紧。

渠道本来是个常规性的工作，可是由于原来传统农业太过分散，产品的渠道既分散又单一，新晋农业的企业甚至根本没有渠道，与现代食品加工业和现代商业严重不匹配。因此，在市场策略上要高度重视渠道策略。传统渠道要紧抓，新兴渠道要抓紧。

传统渠道是指传统大流通及商超渠道，新兴渠道主要指电商渠道。传统渠道至今仍是农业和食品企业的依托，这个渠道要紧抓不放，不可或缺，这是新兴渠道所不能替代的。同时，对于新兴的电商渠道，包括利用平台电商开店，或者由垂直电商包销，不可忽视。电商代表未来发展趋势，具有低成本、大跨度的信息和物流传输，这是传统渠道无法比拟的优势。因此，这个战略机遇必须抓紧，必须抢占。新疆的干果类食品率先走出了遥远的新疆，电商起到了决定性的作用。完全从零做起的新晋农业企业，储运难度不大的农产品，可以首先开拓电商这种新兴渠道，绕过传统渠道开拓难、发展慢的山道，一举打开局面。褚橙、三只松鼠就是其中的经典例证。

未来市场，传统渠道与新兴渠道完全不矛盾，也没有对错优劣之分。互联网线上到线下商务概念的火爆，说明了互联网也好，电商也罢，全是手段，替代不了实物商品的体验、流通和消费。

（三）互联网思维策略

在（移动）互联网、大数据、云计算等科技发展的推动下，企业对市场、对用户、对产品、对企业价值链乃至对整个商业生态的认识和工作方法也必须发生改变。

互联网思维和传统思维最大的不同主要有两点：一是零距离，二是网络化。

零距离。在没有互联网之前，企业和用户之间是有距离的，信息是不对称的，企业是中心，营销就是企业对用户发布编制好的信息。用户，只是被动接受企业发布的信息，用户是上帝也只是说用户的选择多，但是还是被动接受。互联网时代不一样，互联网时代"我"是主动的，在设计阶段可能用户就参与进来了。像小米手机，用户参与进来后，带来了很多设计理念，才有了最终设计，新机型是用户说了算。

网络化。零距离是怎么来的呢，这就是网络化。网络化说到底就是没有了边界，传播无边界、销售无边界、生产无边界。在移动互联网时代，我们的生存取决于用户指尖移动形成的购买力：他指尖移动到你，你就可能胜；移动不到你，你不可能胜。原来的市场竞争取决于地段，谁在一个好的地段这个产品可能就卖出去了；到了互联网时代就是流量，谁吸引的顾客多，谁的流量大，谁就有可能占先机。

因此，为了迎接移动互联网时代，我们一定不能留恋曾经具有优势的商业模式，抓紧建立互联网思维，迎接互联网挑战。

【知识链接】农业职业经理人需要的团队

许多农业企业有产业、无品牌；有产品、无团队。而一切工作都有赖于特别能战斗的团队。所以，经营农业企业必须狠抓团队建设，而团队建设的首要工作就是要选好一个能够带兵打仗的"帅"。俗话说"用兵先选帅"。西汉刘邦有韩信加盟，才实现了统一霸业；三国刘备得诸葛孔明相助，实现三分天下而有其一。

市场营销的领军人不同于技术型和生产型管理人才，销售队伍特别需要一个实战经验丰富、善于管理团队、能带兵打仗、让团队信服的销售统帅，有了这个头儿，整个销售队伍就会少走弯路、节省摸索的时间，团队的专业素质和作战能力才会快速提升。

柳传志曾说过："发展新农业，最主要的是，我们要有一个出色的领军人物，领军人物到了，这个就能做起来"。柳传志说的这个人就是陈绍鹏，原联想集团高级副总裁、新兴市场总裁。

陈绍鹏的强项是开疆拓土，他总能在别人的诧异和惊讶中，把空白市场做得风生水起。柳传志这样评价陈绍鹏："具备深厚管理底蕴，非常出色。"

伟大的事业需要有事业心的人，有事业心的人也需要有胸怀的企业家搭建的平台施展抱负。人才，总是稀缺的；人才，也总是能带来更高的收益的。

第三章　现代农业及其模式

农业是国民经济的基础产业，也是关系百姓生计的民生产业。我国农业不仅要解决十几亿人口的吃饭问题，而且还要满足工业对原料不断增加的需求。与此同时，农业还承担着农民增收、确保食品质量安全的任务。面对诸多挑战，传统的农业增长方式已经不可能完成农业的使命。因此，必须改造传统农业，发展现代农业。

第一节　现代农业的特征和内在要求

一、现代农业的概念与特征

（一）现代农业的概念与内涵

1. 现代农业的概念

现代农业是广泛应用现代科学技术、现代工业提供的生产资料和科学管理方法进行的社会化农业。它是在近代农业的基础上发展起来的以现代科学技术为主要特征的农业，是广泛应用现代市场理念、经营管理知识和工业装备与技术的市场化、集约化、专业化、社会化的产业体系，是将生产、加工和销售相结合，产前、产后与产中相结合，生产、生活与生态相结合，农业、农村、农民发展，农村与城市、农业与工业发展统筹考虑，资源高效利用与生态环境保护高度一致的可持续发展的新型产业。

2. 现代农业的内涵

现代农业是一个动态的和历史的概念，它不是抽象的，而是一个具体的事物，它是农业发展史上的一个重要阶段。

从发达国家的传统农业向现代农业转变的过程看，实现农业现代化的过程包括两方面的主要内容：一是农业生产的物质条件和技术的现代化，利用先进的科学技术和生产要素装备农业，实现农业生产机械化、电气化、信息化、生物化和化学化；二是农业组织管理的现代化，实现农业生产专业化、社会化、区域化和企业化。

（1）现代农业的本质是用现代工业装备的，用现代科学技术武装的，用现代组织管理方法来经营的社会化、商品化农业，是国民经济中具有较强竞争力的现代产业。

（2）现代农业是以保障农产品供给，增加农民收入，促进可持续发展为目标，以提高劳动生产率，资源产出率和商品率为途径，以现代科技和装备为支撑，在家庭经营基础上，在市场机制与政府调控的综合作用下，农工贸紧密衔接，产加销融为一体，多元化的产业形态和多功能的产业体系。

（3）现代农业处于农业发展的最新阶段，是广泛应用现代科学技术、现代工业提供的生产资料和科学管理方法的社会化农业，主要指第二次世界大战后经济发达国家和地区的农业。

（二）现代农业的特征

现代农业广泛应用现代科学技术、现代工业提供的生产资料和科学管理方法，具有以下几个方面的特征。

1. 现代农业具备较高的综合生产率

现代农业因广泛应用现代科学技术、现代工业提供的生产资料和科学管理方法，具有较高的经济效益和更强的市场竞争力等，从而具有较高的综合生产效率，包括较高的土地产出率和劳动生产率。这是衡量现代农业发展水平的最重要标志。

2. 现代农业具有可持续发展的特点

在现代农业条件下，农业发展本身是可持续的，而且具有良好的区域生态环境。广泛采用生态农业、有机农业、绿色农业等生产技术和生产模式，实现淡水、土地等农业资源的可持续利用，达到区域生态的良性循环，农业本身成为一个良好的可循环的生态系统。

3. 现代农业具有高度商业化的特征

现代农业的生产主要为市场而生产，具有较高的商品率，通过市场机制来配置资源。商业化是以市场体系为基础的，现代农业要求建立非常完善的市场体系，包括农产品现代流通体系。离开了发达的市场体系，就不可能有真正的现代农业。农业现代化水平较高的国家，农产品商品率一般都在90%以上。

4. 现代农业应用现代化的物质条件

以比较完善的生产条件，基础设施和现代化的物质装备为基础，集约化、高效率地使用各种现代生产投入要素，包括水、电力、农膜、肥料、农药、良种、农业机械等物质投入和农业劳动力投入，从而达到提高农业生产率的目的。

5. 现代农业采用先进的科学技术

广泛采用先进适用的农业科学技术、生物技术和生产模式，改善农产品的品质、降低生产成本，以适应市场对农产品需求优质化、多样化、标准化的发展趋势。现代农业的发展过程，实质上是先进科学技术在农业领域广泛应用的过程，是用现代科技改造传统农业的过程。

6. 现代农业采用现代管理方式

广泛采用先进的经营方式、管理技术和管理手段，从农业生产的产前、产中、产后形成比较完整的紧密联系、有机衔接的产业链条，具有很高的组织化程度。有相对稳定、高效的农产品销售和加工转化渠道，有高效率的组织分散农民的组织体系，有高效率的现代农业管理体系。

7. 现代农业由高素质的职业农民经营

具有较高素质的农业经营管理人才和职业农民，是建设现代农业的前提条件，也是现代农业的突出特征。

8. 现代农业采用现代经营模式

现代农业实现生产的规模化、专业化、区域化。从而达到降低公共成本和外部成本，提高农业的效益和竞争力的目的。

9. 现代农业拥有完善的政府支持体系

现代农业的建立必须有与之相适应的政府宏观调控机制，有完善的农业支持保护的法律体系和政策体系，从而能有效地推动农业实现持续、快速、健康发展。

（三）现代农业的要素

1. 用现代物质条件装备农业

现代农业的发展，需要以较完备的现代物质条件为依托。改善农业基础设施建设，提高农业设施装备水平，构成现代农业建设的重要内容。只有加快农业基础建设，不断提高农业的设施装备水平，才能有效突破耕地和淡水短缺的约束，提高资源产出效率；才能大大减轻农业的劳动强度，提高农业劳动生产率；也才能提高农业的抗灾减灾能力，实现高产稳产的目标。

2. 用现代科学技术改造农业

科学技术是第一生产力，依靠科学技术实现资源的可持续利用，促进人与自然的和谐发展，日益成为各国共同面对的战略选择，科学技术作为核心竞争力日益成为国家间竞争的焦点。随着社会经济的不断发展，促进农业科技进步，提高农业综合生产能力，提高农业综合效益和竞争力，成为加快推动现代农业建设的重要内容。传统农业由于科技含量普遍较低，生产经营效率低下，综合效益明显不足。因此，必须用现代科学技术改造农业，大力推进农业现代化建设，不断增强农业科技创新能力建设，加强农业重大技术攻关和科研成果转化，着力健全农业技术推广体系，从而有效提高农业产业的科技与技术装备水平，为现代农业发展提供强有力的科学技术支撑，为农民增收、农业增效与农村发展创造更为有利的条件。

3. 用现代产业体系提升农业

现代农业产业体系是集食物保障、原料供给、资源开发、生态保护、经济发展、文化传承、市场服务等产业于一体的综合系统，是多层次、复合型的产业体系。现代农业的发展，需要将生产、加工和销售相结合，也需要将产前、产中与产后相结合，从而有效促进现代农业的产业化发展目标的实现。用现代产业体系提升农业，成为现代农业发展的重要内容。在构建现代农业产业体系，推进农业现代化发展的进程中，需要推进农村劳动力转移就业，壮大优势农产品竞争力，培植农产品加工龙头企业，打造农产品优质品牌等；同时，还必须进一步完善投入保障机制、公共服务机制、风险防范机制等保障机制建设，不断提高农业的产业化发展水平，为现代农业的产业化发展创造有利条件。

4. 用现代经营方式推进农业

现代经营方式具有市场性、高效性特点，有利于调动农业参与者的积极性与创造性，能大幅提高农业生产资料的运用效率，进而有利于增加农业产业的综合效益。现代农业的发展需要采用与之匹配的经营方式，集约化、规模化、组织化、社会化是现代农业对经营方式的内在要求。同时，党的十八大报告明确提出，要大力发展农民生产经营合作和股份合作，培育新型经营主体，发展多种形式规模经营，构建集约化、专业化、组织化、社会化相结合的新型农业经营体系。这为我国现代农业经营方式的选择提供了有效依据。构建集约化、专业化、组织化、社会化相结合的新型农业经营体系，大力培育专业大户、家庭农场、专业合作社等新型农业经营主体，发展多种形式的农业规模经营和社会化服务，是我国发展现代农业的必由之路。

5. 用现代发展理念引领农业

发展理念对现代农业产业发展有着极为重要的影响，现代农业的发展需要先进的发展理念来引领。为此，现代农业的发展需要树立先进的发展理念：一是可持续发展理念。农业发展是关系国计民生的"大问题"，现代农业更代表着农业产业发展的主流方向，需要始终坚持可持续发展理念，积极采用生态农业、有机农业、绿色农业等生产技术和生产模式，尽最大可能实现经济效益、社会效益和生态效益的完美统一。二是工业化发展理念。要实现现代农业的跨越式发展，必须借鉴工业化发展模式，对农业实行"工厂化"管理与"标准化"生产，进一步延长农业的产业链，不断提高农副产品的生产效率与品质，有效增强农业产业的深加工能力，大幅增加农业产业的附加值。三是品牌化发展理念。商品品牌具有显著的品牌效应，是企业无形的宝贵资产。因此，现代农业发展需要牢固树立品牌意识，积极实施农产品商标战略，着力打造知名品牌，积极发展品牌农业、绿色农业。此外，现代农业发展还需要树立集约化发展理念、全局协同发展理念等，以满足适应社会经济现代化的发展需要。

6. 用培养新型职业农民的办法发展农业

我国是一个农业大国，但却缺乏职业农民。现有的传统农民已经明显不能满足现代农业的发展要求，新型职业农民的培养对我国农业的现代化发展极为重要。新型职业农民是指"有文化、懂技术、会经营"的以农业作为专门工作的农民，是农业现代化发展的主要实践者。为了适应现代农业的发展需要，党和政府高度重视新型职业农民的培育工作，并实施了一系列的措施和办法，希望尽快培育出一支新型职业农民队伍，以满足现代农业的发展需要。2007年1月，《中共中央 国务院关于积极发展现代农业扎实推进社会主义新农村建设的若干意见》首次正式提出培养"有文化、懂技术、会经营"的新型农民，同年10月新型农民的培养问题写进党的十七大报告。2012年中央一号文件首次提出，要培育新型职业农民，全面造就农村人才队伍，着力解决未来"谁来种地"的问题；党的十八大明确要求构建集约化、专业化、组织化、社会化相结合的新型农业经营体系。因此，新型职业农民成为现代农业发展的关键性要素。

二、现代农业的内在要求

（一）农民务农职业化

农民职业化，是指"农民"由一种身份象征向职业标识的转化。其实质是传统农民的终结和职业农民的诞生；职业化的农民将专职从事农业生产，其人员来源不再受行业限制，既可源自传统农民，也可源自非农产业中有志于从事农业的人。随着农业劳动生产率的提高，农村剩余劳动力将逐渐离开土地和农村，转变为工人和城市非农劳动者，而其余的小部分人则转化为新型职业农民。通过培训学习与实践，逐步实现农民务农职业化，从而有效地推动我国"四化同步"发展的进程，提高我国农业发展的现代化水平。这是我国农业发展的必然趋势，也是现代农业发展的内在要求。

1. 农民务农职业化有利于推进"四化同步"建设

农民务农职业化可以让职业农民安心钻研农业发展模式，精心选择农业产业，全力做好所从事的农业产业的发展工作。从而改变现有的农民兼有多种职业，从农不专业，从工无技术，常年处于"非农非工、非乡非城"的状态。同时，随着我国城镇化进程的不断加快，真正从事农业生产经营的人员应当从现在的47%下降到20%左右为宜。从而把农村剩余劳动力从农村转移出来，使他们从现在的农民工转变成城镇工人或市民，也可以促使他们安心钻研技术，集中精力在城镇从事二、三产业。使留在农村的人能集中土地，开展农业的规模化、产业化经营，从而推进"四化同步"建设的顺利进行。

2. 农民务农职业化有利于提高现代农业发展水平

现代农业要求用现代的理念、现代的技术和现代的装备来武装，这既需要农业人员的专业知识，也需要农业人员的文化水平，并非传统的农民所能胜任。为此，实行农民务农职业化可以促进真正的农民学习农业知识，参加农业生产、经营的培训学习，激发他们的创业热情。这些经过培训的农民就是职业农民，他们必然是现代农业科技与设备的先行使用者，先进生产经营管理模式的践行者。只有这样的农民才能提高农业产业的生产效率，提升农业产业的产出水平，进而推进我国农业现代化的发展进程。因此，农民务农职业化有利于提高现代农业发展水平。

3. 农民务农职业化有利于新型农业经营主体的形成

我国未来农业的发展应当由新型农业经营主体来承担，这些新型农业经营主体表现为农民专业合作社、家庭农场、农业公司、种植和养殖大户。这些新型农业经营主体的组成人员一定不是传统的普通农民，他们是农民中的精英，他们是具有远见卓识的农民。可以设想，实行农民务农职业化就可以通过市场机制，把热爱农业、研究农业的人员吸引到农业队伍中来；一些对农业没有感觉、不能从事农业的农民就可以通过市场机制退出农业，通过另谋出路实现新的就业目标。而留在农业队伍中的人员，为了获得市场竞争优势，为了获得话语权，必然走向联合，从而促进新型农业经营主体的形成。

（二）农业产品品牌化

品牌即商标，通常由文字、标记、符号、图案和颜色等要素组合构成。在传统的农业生产中，人们习惯散装销售自己的产品，根本就不需要商标。随着市场竞争激烈程度的加剧，品牌成了影响产品价格的重要因素，品牌成了促进产品销售的重要因素。因此，农业产品品牌化成为现代农业的又一内在要求。

1. 有利于提高农业产品的知名度，获得品牌效益

随着现代生产技术与工艺的不断发展，同类企业所生产的产品在品质与性能等方面的差异化程度明显减弱。在激烈竞争的市场条件下，消费者选择商品更多关注的是产品的品牌，一个知名品牌往往能够吸引更多消费者的眼球。而且知名商品虽然在使用价值上和普通商品相差无几，而且价格可能高出许多甚至数倍，但大多数消费者仍然选择知名商品。因此，无论是何种行业、哪种产品，产品品牌是企业极为宝贵的无形资产，其重要性都不可小觑。农业产品实行品牌化，可以给广大消费者留下深刻的印象，可以让更多消费者了解它、认识它、接受它，从而可以有效提高农业产品的知名度，为占据更大的市场份额、获取更丰厚的经济利益创造有利条件，进而促进农业产品品牌效益的实现。

2. 有助于增强农业产业的竞争力，赢得市场份额

在竞争日趋激烈的现代市场条件下，企业间的竞争其实就是市场份额的争夺，而商品品牌的知名程度正是决定产品市场份额的关键。农产品品牌知名度越高，将意味着产品的市场竞争力越强，就越能赢得更大的市场份额。反之，一个没有品牌的产品，往往进不了超市或高档的市场，只能屈就农贸市场、街头巷边，无论品质多好，都只是一种大路货。因此，农产品必须走品牌化的道路。当然，知名的品牌也需要以优质的农产

品为基础，要打造知名品牌，必须生产出优质的产品。当然，农产品品牌的打造是一项长期工程，不但需要提高农业生产者的生产经营理念，而且需要优质的品种、优良的种植方法、独特的经营模式。同时，知名品牌的打造需要时间，只有长期的市场宣传、消费者评价，才有可能打造出知名品牌。

3. 有利于提升农业企业的影响力，获取发展先机

随着现代农业发展的不断推进，新型农业经营主体得到快速发展，国家投资在农业上的各种项目经费、补贴经费也每年递增。当然，要想获得这些经费也不容易，农业企业为获取项目经费，相互竞争的激烈程度日趋加剧。谁拥有"响当当"的知名品牌，谁就具有强大的影响力，谁就有可能获得国家的扶持，谁就有可能获得发展的先机，谁就可能在激烈的市场竞争中发展壮大起来。因此，农业企业的品牌化建设有利于提升企业的整体社会影响力，有利于增强企业的市场竞争力，从而为企业获取市场发展先机提供有效支持。

（三）农业经营集约化

集约化经营是指经营者通过经营要素质量的提高、要素含量的增加、要素投入的集中以及要素组合方式的调整来增进效益的经营方式。集约是相对粗放而言，集约化经营是以效益为根本，对经营诸要素进行重组，实现最小的成本获得最大的投资回报。集约经营主要用于农业，那么，什么是农业集约化经营呢？农业集约化经营指在一定面积的土地上投入较多的生产资料和劳动，采用新的技术措施，进行精耕细作的农业经营方式。由粗放经营向集约经营转变，是农业生产发展的客观规律，是我国现代农业发展的内在要求。

1. 农业集约化经营是实现农业持续性发展的迫切需要

我国农业仍然实行的是以家庭分散经营为主的经营方式，这种经营方式有利于调动经营者的积极性，但同时也表现出一

定的局限性。一是由于经营规模有限，难以获取规模经济与规模效益；二是由于农业经济效率低下，大量农村青壮年外出务工，农村土地主要由妇女、老年人耕作，经营较为粗放，甚至"撂荒"现象不断出现。再过几十年，这些人再无力耕种，而青壮年外出务工，"今后谁来种地"成为一个严峻的现实问题。中央对此问题高度关注和重视，并采取一系列举措培养新型农民，不断提高农业的集约化经营水平，以提高我国的农业经营水平，满足现代农业的发展要求，确保我国农业的持续快速健康发展。特别是通过培育新型农业经营主体，加大土地流转的力度，提高农业集约化经营程度，实现农业可持续发展。

2. 农业集约化经营是实现农业产业化发展的基础环节

农业的产业化发展需要以农业的集约化经营为依托，需要以确定的市场供求信息为指向。否则，农业产业化将难以发展。多年来，我国已经致力于农业产业化发展的道路，但由于农业集约化经营没有跟上，严重影响了农业产业化的发展势头。"自给自足"的小农经营模式，由于经营规模有限，经营管理粗放，已经无法与市场进行对接，无法满足日益多样化与个性化的市场需求，无法在激烈的竞争中获得优势。因此，现代农业必须走集约化经营的道路。同时，我国农业发展处于市场经济的大环境中，必须适应市场经济发展的要求，而市场经济就是竞争经济，竞争就必须具备优势才能取胜。而集约经营正是农业获得优势的重要途径。因此，要加速农业产业化的发展进程，必须加速土地流转，实施农业集约化经营，以便为农业产业化奠定坚实基础。

3. 农业集约化经营是推进现代农业建设的客观要求

现代农业是一项复杂的系统工程，由诸多要素所构成，最基本的要素至少包括现代物质条件装备、现代科技、现代经营形式、新型农民、机械化、信息化等。在这些要素中，最核心的要素有两点，一是必须具备现代农业的经营方式，即农业的集约化经营；二是必须拥有现代农业发展的主体，即既有技术又懂经营管理的新型职业农民。只有在集约化经营条件下，现代农业的诸多构成要素才能整合在一块，发挥出综合性的作用。也就是说农业集约化经营为这些要素的运用提供了空间和载体，倘若没有农业的集约化经营，没有新型农民的成长空间，现代物资装备、现代科技就无法使用，现代发展理念、现代经营形式就无法引入，土地产出率、资源利用率、劳动生产率、农业的效益和竞争力等就是一句空话。因此，农业集约化经营是推进我国现代农业发展的客观需要和内在要求。

三、现代农业的常见类型

（一）有机生态农业

生态农业是按照生态学原理和经济学原理，运用现代科学技术成果和现代管理手段，以及传统农业的有效经验建立起来的，能获得较高的经济效益、生态效益和社会效益的现代化农业。它要求把发展粮食与多种经济作物生产，发展大田种植与林、牧、副、渔业，发展大农业与第二、第三产业结合起来，利用传统农业的精华和现代科技成果，通过人工设计生态工程，协调好发展与环境之间、资源利用与保护之间的矛盾，形成生态上与经济上两个良性循环，实现经济、生态和社会三大效益的统一。

有机农业是遵照一定的有机农业生产标准，在生产中不采用基因工程获得的生物及其产物，不使用化学合成的农药、化肥、生长调节剂、饲料添加剂等物质，遵循自然规律和生态学原理，协调种植业和养殖业的平衡，采用一系列可持续发展的农业技术以维持持续稳定的农业生产体系的一种农业生产方式。

（二）绿色环保农业

绿色环保农业，是指以全面、协调、可持续发展为基本原则，以促进农产品数量保障、质量安全、生态安全、资源安全和提高农业综合效益为目标，充分运用先进科学技术、先进工业装备和先进的管理理念，汲取人类农业历史文明成果，遵循循环经济的原理，把标准化贯穿到农业的整个产业链中，实现生产、生态、经济三者协调统一的新型农业发展模式。

"绿色环保农业"是灵活利用生态环境的物质循环系统，实践农药安全管理技术、营养物综合管理技术、生物学技术和轮耕技术等，从而达到在发展农业生产的同时，也对农业生产环境进行有效保护，基本实现经济效益、社会效益、生态效益的有机统一，构成了我国农业现代化发展的重要内容。随着世界各国对生态环境保护的日益重视，绿色环保的理念深入人心，绿色环保农业的影响范围大为拓展，绿色环保产业将迎来广阔的发展空间。

（三）观光休闲农业

观光休闲农业是一种以农业和农村为载体的新型生态旅游业，是现代农业的组成部分，不仅具有生产功能，还具有改善生态环境质量，为人们提供观光、休闲、度假的生活功能。休闲观光农业是利用田园景观、自然生态及环境资源等通过规划设计和开发利用，结合农林牧渔生产、农业经营活动、农村文化及农家生活，提供人们休闲，增进居民对农业和农村体验为目的的农业经营形态。观光休闲农业是结合生产、生活与生态三位一体的农业，在经营上表现为产、供、销及休闲旅游服务等产业于一体的农业发展形式。观光休闲农业是区域农业与休闲旅游业有机融合并互生互化的一种促进农村经济发展的新业态。

（四）工厂化农业

工厂化农业是指综合运用现代高科技、新设备和管理方法发展起来的一种全面应用机械化、自动化技术，使资金、技术、设备高度融合密集运用的农业生产形式。工厂化农业是农业设计的高级层次，能够在人工创造的环境中进行全过程的连续作业，从而有利于摆脱自然界的制约。工厂化农业将农业生产工厂化，依托强大的生产技术与设备，在人工创造的环境中实行工厂化生产，可以在很大程度上减少对自然环境的依赖程度，有利于大幅提高农业生产效率，成为现代农业的又一重要类型。

（五）立体循环农业

立体循环农业是指利用生物间的相互关系，兴利避害，为了充分利用空间把不同生物种群组合起来，多物种共存、多层次配置、多级物质能量循环利用的立体种植、立体养殖或立体种养的农业经营模式。

立体循环农业是现代农业的重要类型，立体循环农业充分利用光、热、水、肥、气等资源和各种农作物在生育过程中的时间差和空间差，在地面、地下、水面、水下、空中以及前方、后方同时或交互进行生产，通过合理组装，粗细配套，组成各种类型的多功能、多层次、多途径的高产优质生产系统，从而尽可能地获得农业生产的最大综合效益。开发立体循环农业意义重大，不仅能够节约资源、节约空间，而且能够达到集约经营的效果，因此，已经成为我国现代农业发展的重要类型。

（六）订单生产农业

订单生产农业是指根据农产品订购合同、协议进行农业生产，也叫合同农业或契约农业。订单生产农业是现代农业的又一重要发展类型，具有强烈的市场性、严格的契约性、成果的预期性和违约的风险性。签约的一方为企业或中介组织包括经理人和运销户；另一方为农民或农民群体代表。签约双方在订单中规定的农产品收购数量、质量和最低保护价，使双方享有相应的权利、义务和约束力，依法不能单方面毁约。但由于农业受自然环境影响较大，具有生产结果的不确定性，从而又带来产品市场的不确定性，因此，遭受违约的风险性仍较大。同时，随着市场经济的持续发展以及市场竞争的不断加剧，对增强农民竞争力和促进农民增收仍然具有一定作用。订单农业可以从一定程度上为农民生产解除后顾之忧，也有利于减少农民生产的盲目性，所谓"手中有订单，种养心不慌。"但同时也要看到，我国的法制建设尚不完善，人们守法的意识和观念还不强，特别是在遇到严重自然灾害或巨大市场波动时，违约事件也时有发生。因此，订单农业既具有保障的一面，也具有一定的风险性，需要客观对待。

第二节　现代农业发展的模式

一、生态农业

（一）生态农业的概念

生态农业是 20 世纪 60 年代末期为解决"石油农业"的弊端而出现的，被认为是继"石油农业"之后世界农业发展的一个重要阶段。生态农业主要是通过提高太阳能的固定率和利用率、生物能的转化率、废弃物的再循环利用率等，促进物质在农业生态系统内部的循环利用和多次重复利用，以尽可能少的投入，求得尽可能多的产出，并获得生产发展、能源再利用、生态环境保护、经济效益等相统一的综合性效果，使农业生产处于良性循环中。生态农业不同于一般农业，它不仅避免了"石油农业"的弊端，并且发挥出了明显的优越性。通过适量施用化肥和低毒高效农药等，生态农业突破了传统农业的局限性，但又保持其精耕细作、施用有机肥、间作套种等优良传统。生态农业既是有机农业与普通农业相结合的综合体，又是一个庞大的综合系统工程和高效的、复杂的人工生态系统以及先进的农业生产体系。

综上所述，我国的生态农业是指在保护、改善农业生态环境的思想指导下。按照农业生态系统内物种共生、物质循环、能量多层次利用等生态学原理和经济学原理。因地制宜，运用系统工程方法和现代科学技术，运用现代科学技术成果和现代管理手段，以及传统农业的有效经验建立起来的，集约化经营的农业发展模式。充分发挥地区资源优势，依据经济发展水平及"整体、协调、循环、再生"原则，运用系统工程方法，全面规划、合理组织农业生产，实现农业高产优质高效持续发展，达到生态和经济两个系统的良性循环，使农业的经济效益、生态效益、社会效益协调统一的现代化农业。

(二) 生态农业的发展趋势

1. 生态农业产业化

21世纪全球注重生态农业的发展，决定了生态产业是产业革命的必然结果。同样，21世纪的现代化发展方向也必然使农业现代化纳入生态发展的轨道。由于当前我国农业出现的社会效益与自身经济效益的矛盾、分散农户与大市场的矛盾以及受市场和自然资源双重约束的几大矛盾并没有完全解决，农业生产从数量向品种、质量转化，产值贡献弱化，市场贡献以及农业环境贡献逐渐增大的现实，决定了发展生态农业，特别是生态农业产业化的必要性。

2. 生态农产品质量标准化，生态农业生产规范化

国内农产品质量标准制订的滞后，直接影响了我国农产品质量的提高，降低了我国农产品在国际市场中的竞争力，因此，应加快农产品质量标准的制订。在进一步完善农业生态环境监测网的基础上，应重点加强农产品质量安全检测机构建设，形成功能齐全的省、市、县梯级农产品质量检测体系。通过全国农产品监测网络，对农产品质量实施统一的监测监控，对农产品的生产过程进行全程监控，使质量管理关口前移，提高农产

品的质量与安全性，保证向市场提供无公害、绿色或有机食品，提高产品的品牌价值和信誉度，建设完善的市场与流通体系，维护生产者和消费者的利益。

3. 科技对生态农业发展的促进作用将得到强化

农业高科技日益成为发达国家农业持续发展和产业升级换代的支撑，利用现代生物技术培育新品种，进行生物病虫害防治，提高农产品产量和品质，降低生产成本，已经渗透到农业的常规技术领域。而我国在生态农业产业化方面还缺乏相应的原创性研究和应用，与发达国家相比差距较大。所以，我们要加大农业科技投入，鼓励科技创新，加快农业科技发展，提高产品的技术含量和科技附加值，解决我国农产品技术含量较低的致命弱势。

（三）中国生态农业的技术措施

生态农业是从生物与环境两个方面来研究农业的生产过程，所以，生态农业技术措施也应该包括这两个方面的内容。主要的技术措施如下。

1. 水土流失和土地沙化综合治理技术

防止水土流失最主要的措施就是增加植被，严禁毁林开荒，实行造林种草，封山育林，在农业生产中采用等高种植法，以及横坡带状间作等方法。

2. 防止土壤污染技术

控制和消除工业外排污染源，严格控制污染物进入土壤；研制生产高效、低毒、低残留的新型农药，代替剧毒高残留农药；利用生物防治技术，实现以虫治虫，以菌治菌；利用微生物的转化、降解作用，减少污染物的残留。

3. 水体富营养化的防治技术

水体富营养化是指在人类活动影响下，水体中的氮、磷等营养物质含量增高，使水中的藻类等生物大量繁殖而对水体产生危害。控制方法包括：控制外源性营养物质输入，减少水体营养物质富集的可能性；减少内源性营养物质积聚，挖掘底泥沉积物，进行水体深层曝气；用化学药剂杀藻；利用水生生物（如凤眼莲、芦苇、丽藻等）吸收利用氮、磷元素，以除去这些营养物质。

4. 生物共生互惠及立体布局技术

共生互惠和立体布局包括植物与植物、植物与动物、动物与动物等的相互组配和合理布局，如稻田养鱼，蔗田种蘑菇，鲢鱼、鳙鱼、草鱼、鲫鱼和河蚌混养等。

5. 农业环境和农业生产自净技术

自净技术即在生产系统内，将上一级生产产出的废弃物，变为下一级生产的有效投入，从而避免污染物的外排而影响环境洁净的技术。如人畜粪尿还田，田边和村边种植防护林带，鸡（粪）—猪（粪）—鱼（塘泥）—作物（农副产品）—鸡、猪食物链技术等。

6. 有害生物的综合治理技术

综合治理技术包括病虫害、杂草的生物防治技术，采用作物的间套轮作、不同耕作法等方法，以及利用各种物理、机械方法防治病虫草害等。

7. 农村能源的开发和利用

（1）充分利用太阳能。如建太阳能温室、塑料大棚、地膜覆盖、太阳能干燥器、太阳能取暖器、太阳能蓄水池等。大力营造薪炭林，解决农村能源短缺的问题。

（2）积极发展沼气。

（3）利用风能、水能以及其他能源。

二、观光休闲农业

（一）观光休闲农业的概念

观光休闲农业是利用农村景观、农业活动、农村民俗文化，通过规划和开发，为人们提供兼有观光、休闲、娱乐、教育、生产等多种功能为一体的农业旅游活动，是一种生态旅游新类型。观光休闲农业的发展，将农业观光、农事体验、生态休闲、自然景观、农耕文化等有机结合起来，既满足了城市居民崇尚自然、回归自然、享受自然的需要，又促进了乡村旅游业的崛起。

由于我国的休闲观光农业起步较晚，目前还存在以下不足：一是缺乏科学规划，现有的观光休闲农业基本上处于自发状态，缺少整体规划和科学认证，模式单一、风格雷同，缺少各自的独特创意；二是品位档次不高，经营规模偏小，项目内容单调，赋予特色的为数不多，影响了经济效益的提高；三是管理服务不够规范，管理人员绝大多数是原来的生产、加工、营销的人员，服务人员基本上无服务业从业经验，缺乏管理经验，整体素质较低；四是宣传力度大但实际上扶持力度不大，要素"瓶颈"制约了观光休闲农业的发展。

（二）我国观光休闲农业的具体发展方向

1. 依托田园和生态景观

乡村田园生态景观是现代城市居民闲暇生活的向往和旅游消费时尚，也是观光休闲农业赖以发展的基础。因此，①在选址上，首先要考虑以周边优美的农村生态景观为依托，并与所规划的观光休闲农业项目特色相匹配。②在规划上，要以农业田园景观和农村文化景观为铺垫。选择园林、花卉、蔬菜、水果等特色作物，高新农业技术，特色农村文化，作为规划的基本元素。③在建设上，既要对农村环境的落后面貌进行必要的改造，同时要注意保护农村生态的原真性。

2. 重视休憩和体验设计

观光休闲农业的客源，在节假日主要是近距离城市休憩放松的上班族，上班时间主要为退休人员，也有业务洽谈和会议选在生态景观和设施条件较好的观光休闲农业景点进行。去观光休闲农业消遣，已经成为不少城市居民的一种生活方式。因此，策划成功的关键之一是如何处理好"静"和"动"，即养生休闲和运动休闲的关系。休憩节点的设计要"静"，所谓"静"就是田园的恬静和农家的祥和，就是要为人们提供恬静休闲的空间和场所。"动"主要是娱乐游憩或农事体验，要做到"动"的项目寓于"静"的景观之中。这样，既能满足城镇居民渴望回归自然、放松身心的休闲需求，又能满足城镇居民科学文化认知的需要，还能延长游憩时间、增加二次消费。

3. 挖掘民俗和农耕文化

要保持观光休闲农业项目长期繁荣兴盛，就应该在丰富观光休闲农业的文化内涵上下功夫。深入挖掘农村民俗文化和农耕文化资源，提升观光休闲农业的文化品位，实现自然生态和人文生态的有机结合。如传统农居、家具，传统作坊、器具，民间演艺、游戏，民间楹联、匾牌，民间歌赋、传说，名人胜地、古迹，农家土菜、饮品，农耕谚语、农具等，都是观光休闲农业景观规划、项目策划和单体设计中可以开发利用的重要民间文化和农耕文化资源。

4. 突出特色和主题策划

特色是观光休闲农业产品的核心竞争力，主题是观光休闲农业产品的核心吸引力。要认真摸清可开发的资源情况，分析周边观光休闲农业项目特点，巧用不同的农业生产与农村文化资源营造特色。农村资源具有的地域性、季节性、景观性、生态性、知识性、文化性、传统性等特点，都是营造特色时可利用的特性。根据资源特性和项目定位，进行主题策划。

三、创汇农业

创汇农业又称外向型农业，是指以国际市场为导向，专门围绕出口来组织生产与加工各种适销对路的农副产品、畜产品、水产品，参与国际市场竞争和交换的一种"贸工农"外向型农业。其主要依靠现代科学技术，引进国内外优良品种、先进技术装备，同当地优越的农业生产条件和丰富的农业自然资源、劳动力资源及灵活的家庭经营等以最佳方式组合起来纳入社会化专业生产体系，建立起各种名优特农副产品、畜产品、水产品规模生产基地，并以基地为中心形成一个高技术、新品种、多种类、大批量、低成本、高效益、出口创汇能力强的外向型农业生产体系。其发展有助于推动传统农业及其生产手段的改造，从而最终达到推动整个农业现代化进程的目的。

美国、法国、荷兰、巴西、泰国等是农产品出口创汇的主要国家，它们成功的经验：一是政府对创汇农业采取保护和支持政策；二是以国际市场变化为导向，及时调整农业生产结构和农产品出口结构；三是增加加工农产品出口，提高出口农产品的附加值；四是外贸、加工、生产密切联系，产供销、贸工农一体化经营；五是重视科学技术在创汇农业中的作用；六是因地制宜，发挥资源和经济优势。

四、都市农业

都市农业是指地处都市及其延伸地带，紧密依托并服务于都市的农业。它是大都市中、都市郊区和大都市经济圈以内，以适应现代化都市生存与发展需要而形成的现代农业。都市农业是以生态绿色农业、观光休闲农业、市场创汇农业、高科技现代农业为标志，以农业高新科技武装的园艺化、设施化、工厂化生产为主要手段，以大都市市场需求为导向，融生产性、生活性、生态性为一体，高质高效和可持续发展相结合的现代农业。包括都市农业公园、观光公园、市民公园、休闲农场、教育农场（含科普基地）、高科技农业园区、森林公园、民俗观光园、民宿农庄。

五、有机农业

有机农业是一种完全不用化学肥料、化学农药、生长调节剂、畜禽饲料添加剂等人工合成物质，也不使用基因工程生物及其产物的生产体系，其核心是建立和恢复农业生态系统的生物多样性和良性循环，以维持农业的可持续发展。在有机农业体系中，作物秸秆、畜禽肥料、豆科作物、绿肥和有机废弃物是土壤肥力的主要来源；作物轮作以及各种物理、生物和生态措施是控制杂草和病虫害的主要手段。

有机农业的发展可以帮助解决现代农业带来的一系列问题，如严重的土壤侵蚀和土地质量下降，农药和化肥大量使用给环境造成的污染和能源的消耗、物种多样性的减少等；还有助于提高农民收入，发展农村经济。据美国的研究报道，有机农业投入品成本比常规农业减少 40%，而有机农产品的销售价格比普通产品要高 20%~50%。同时，有机农业的发展有助于提高农民的就业率，有机农业是一种劳动密集型农业，需要较多的劳动力。另外，有机农业的发展可以更多地向社会提供纯天然无污染的有机食品，更好地满足人们的需求。

有机农业的本质是尊重自然、顺应自然规律和生态学原理。有机农业的生产方式主要具有以下特点：一是选用合理的抗性作物品种，利用间套作技术，保持生物多样性，采用生物和物理方法防治病虫草害等，创造有利于天敌繁殖而不利于害虫生长的环境，满足作物自然生产条件。二是禁止使用转基因产物及技术。三是采用合理的耕作制度，保护环境，防止水土流失。建立包括豆科作物在内的作物轮作体系，利用秸秆还田、施用绿肥和动物粪便等措施培肥土壤，保持土壤养分循环，保持农业的可持续性。四是协调种植业和养殖业之间的平衡，根据土壤的承载能力确定养殖的牲畜量。五是有机农业生产体系的建立需要一个有机转换的过程。总之，有机农业要建立循环再生的农业生产体系，保持土壤的长期生产力；把系统内的土壤、植物、动物和人类看作相互关联的有机整体，加以关怀和尊重；采用土地与生态环境可以承受的方式进行耕作，按照自然规律从事农业生产。

国际有机农业标准体系的特点是：强调有机农业的基本原则是可持续发展的思想。在这个原则指导下进行农产品的生产、加工和贸易；强调有机农业应该禁止或基本不使用化学合成的肥料、农药和添加剂；强调有机农业的基本形式是以自然和生态保护为基础的生产方式，不提倡应用集约化生产方式；强调有机农业的标准是对过程进行全程控制，而不是简单的两头控制（基地和产品控制）和所谓的化验分析；强调有机农产品的产品质量不一定必须比常规农产品优秀，以免造成宣传上的误导；强调有机农产品的认证需要对全程进行控制，包括检查、认证和授权。

六、智慧农业

智慧农业是工厂化农业的高级阶段，是指在相对可控的环境条件下，采用工业化生产，实现集约高效可持续发展的现代超前农业生产方式，就是农业先进设施与露地相配套，具有高度的技术规范和高效益的集约化规模经营的生产方式。它集科研、生产、加工、销售于一体，实现周年性、全天候、反季节的企业化规模化生产；集生物技术、信息技术、新材料技术、自动化控制技术和现代先进农艺技术，互联网、移动互联网、云计算和物联网等现代通讯技术，依托部署在农业生产现场的各种传感节点（环境温湿度、土壤水分、二氧化碳、图像等）

和无线通信网络实现农业生产环境的智能感知、智能预警、智能决策、智能分析、专家在线指导，为农业生产提供精准化种植、可视化管理、智能化决策。

智能农业产品通过实时采集温室内温度、土壤湿度、二氧化碳浓度、空气湿度信号以及光照、叶面湿度、露点温度等环境参数，自动开启或者关闭指定设备。可以根据用户需求，随时进行处理，为设施农业综合生态信息自动监测、对环境进行自动控制和智能化管理提供科学依据。通过模块采集温湿度传感器等信号，经由无线信号收发模块传输数据，实现对大棚温湿度的远程控制。

智慧农业从根本上改变了传统农业，是我国农业新技术革命的跨世纪工程，农业物联网使农业逐渐地从以人力为中心、依赖于孤立机械的生产模式转向以信息和软件为中心的生产模式，从而大量使用各种自动化、智能化、远程控制的生产设备。其特点是：一是科技含量高，生产设施集中了现代农业的分析技术、电脑智慧管理，节能、省力，能按照需要自动调控实现周年生产，按合同生产，与市场接轨；生产性能好，产量、质量稳定。二是生产速度快，是土耕作物的 3~4 倍。三是保护环境，不破坏生态，生产环境清洁，工作轻松，商品率高，资金周转快，经济效益高，可发展生态农业、立体农业。四是无土传病害，一般不使用农药和土壤消毒剂；无连作障碍，可随意安排茬口，省水、省肥，肥料利用率高。五是产前、产中、产后和营销一体化。六是农业生态由体力劳动转换为脑力劳动，成为人们喜爱的行业。

目前，世界智慧农业设施面积已达 60 万公顷，荷兰、日本、以色列等国的设施设备标准化程度、种苗技术及规范化栽培技术、植物保护及采后加工商品化技术、新型覆盖材料开发育应用技术、设施综合环境调控及农业机械化技术等有较高的水平。

七、设施农业

设施农业就是运用现代工业技术成果和方法、用工程建设的手段为农产品生产提供可以人为控制和调节的环境和条件，使植物和动物处于最佳的生长状态，使光、热、土地等资源得到最充分的利用，形成农产品的工业化生产和周年生产，从而更加有效地保证农产品的供应，提高农产品质量、生产规模和经济效益，促进农业现代化。

设施农业主要内容是与集约化种植、养殖业相关的园艺设施和畜禽舍的环境创造、环境控制技术及其配套的各种技术与装备。因此，设施农业又被称为工厂化农业。

（一）设施农业的概念

设施农业是在不适宜生物生长发育的环境条件下，通过建立结构设施，在充分利用自然环境条件的基础上，人为地创造生物生长发育的生长环境条件，实现高产、高效的现代农业生产方式，包括设施种植和设施养殖。通常所说的设施农业是设施种植，即植物的设施栽培，是指在采用各种材料建成的，具有对温、光、水、肥、气等环境因素控制的空间里，进行植物栽培的农业生产方法。

设施农业作为农业生态系统的一个子系统，既具有农业生态系统的一般特征，也具有与一般生态系统明显不同的自身特点：一是人的干预和控制性强，包括对种群结构、环境结构、产品形态和流通、采收与上市等都有人的干预和控制；二是物资和资金投入大，设施农业是集约化程度非常高的现代农业生产方式，自然要求有大量物质能量的投入；三是具有生态、经济的双重性，属于典型的生态经济系统；四是地域差异性显著。

从长远看设施农业，一是提高了农产品品质要求，农业由数量型向质量型提高，解决大宗产品结构性剩余矛盾，加快农业产业升级换代依靠设施农业已成必然措施之一；二是发展现代农业要求，发展高效农业对农业生产管理提出更高要求，农业生产各个环节都要采用现代化手段，实施科学管理，规模集约经营，提高农业设施化、标准化是现代农业重要内涵；三是出口市场需要，设施农业是废除技术壁垒、绿色壁垒重要技术手段；四是保护环境，持续发展的需要。

（二）设施农业的类型

目前我国设施农业的种类很多，形式各异，一般分为塑料大棚、小拱棚（遮阳棚）、日光温室、连栋温室（玻璃/PC 板连栋温室、塑料连栋温室）、植物工厂等。

1. 小拱棚

小拱棚（遮阳棚）的特点是制作简单，投资少，作业方便，管理非常省事。其缺点是不宜使用各种装备设施，并且劳动强度大，抗灾能力差，增产效果不显著。主要用于种植蔬菜、瓜果和食用菌等。

2. 塑料大棚

塑料大棚是我国北方地区传统的温室，农户易于接受，塑料大棚以其内部结构用料不同，分为竹木结构、全竹结构、钢竹混合结构、钢管（焊接）结构、钢管装配结构以及水泥结构等。总体来说，塑料大棚造价比日光温室要低，安装拆卸简便，通风透光效果好，使用年限较长，主要用于果蔬瓜类的栽培和种植。其缺点是棚内立柱过多，不宜进行机械化操作，防灾能力弱，一般不用于越冬生产。

3. 日光温室

日光温室有采光性和保温性能好、取材方便、造价适中、节能效果明显，适合小型机械作业的优点。天津市推广新型节能日光温室，其采光、保温及蓄热性能很好，便于机械作业，其缺点在于环境的调控能力和抗御自然灾害的能力较差，主要种植蔬菜、瓜果及花等。青海省比较普遍的多为日光节能温室，辽宁省也将发展日光温室作为该省设施农业的重要类型，甘肃、新疆、山西和山东日光温室分布比较广泛。

4. 连栋温室

有玻璃/PC 板连栋温室和塑料连栋温室两类。

玻璃/PC 板连栋温室，该温室具有自动化、智能化、机械化程度高的特点，温室内部具备保温、光照、通风和喷灌设施，可进行立体种植，属于现代化大型温室。其优点在于采光时间长，抗风和抗逆能力强，主要制约因素是建造成本过高。福建、浙江、上海等地的玻璃/PC 板连栋温室在防抗台风等自然灾害方面具有很好的示范作用。塑料连栋温室以钢架结构为主，主要用于种植蔬菜、瓜果和普通花卉等。其优点是使用寿命长，稳定性好，具有防雨、抗风等功能，自动化程度高；其缺点与玻璃/PC 板连栋温室相似，一次性投资大，对技术和管理水平要求高。一般作为玻璃/PC 板连栋温室的替代品，更多用于现代设施农业的示范和推广。

5. 植物工厂

植物工厂是继温室栽培之后发展的一种高度专业化、现代化的设施农业。它与温室生产的不同点在于完全摆脱大田生产条件下自然条件和气候的制约，应用现代化先进技术设备，完全由人工控制环境条件，全年均衡供应农产品。目前，高效益的植物工厂在某些发达国家发展迅速，已经实现了工厂化生产蔬菜、食用菌和名贵花木等。美国现在正在研究利用"植物工厂"种植小麦、水稻，以及进行植物组织培养和脱毒、快繁。据报道，日本已有企业投资兴建了面积为 1 500 平方米的植物工厂，并安装有农用机器人，从播种、培育到收获实现了电气化。由于这种植物工厂的作物生长环境不受外界气候等条件影响，一些叶类蔬菜种苗移栽 2 周后，即可收获，全年收获产品 20 茬以上，蔬菜一般平均年产量是露地栽培的数十倍，是温室栽培的 10 倍以上。荷兰、美国采用工厂化生产蘑菇，每年可栽培 6.5 个周期，每周期只需 20 天，产蘑菇每平方米 25.27 千克。目前，世界上有几十个植物工厂在生产应用中。

八、标准化农业

（一）标准化农业的概念

标准化农业是以农业为对象的标准化活动，即运用"统一、简化、协调、选优"原则，通过制定和实施标准，把农业产前、产中、产后各个环节纳入标准生产和标准管理的轨道。农业标准化是农业现代化建设的一项重要内容，它通过把先进的科学技术和成熟的经验组装成农业标准，推广应用到农业生产和经营活动中，把科技成果转化为现实的生产力，从而取得经济、社会和生态的最佳效益，达到高产、优质、高效的目的。农业标准化的内容十分广泛，主要有以下七项：农业基础标准、种子种苗标准、产品标准、方法标准、环境保护标准、卫生标准、农业工程和工程构件标准、管理标准等。

（二）标准化农业特征

我国于 2001 年启动"无公害食品行动计划"，2002 年全国各地高度重视农业标准化体系建设，并加以推广实施，这标志着我国农业标准化生产迈上了一个新的台阶。

1. 以标准需求为动因

要为人类提供标准农产品，无疑必须发展标准农业，以满足人们对标准农产品的需求。一是健康需求，即人们对农产品的标准需求应满足人们的健康需要，农产品各种物质的含量应与人们的健康需要相一致。二是多维需求，即人们对农产品的标准需求应满足人们的多维需求，也即不仅局限于营养和品尝需求，而且还包括卫生和审美需求。三是水平需求，即人们对农产品的标准需求总是随着人们生活水平的提高特别是生活质量水平的提高而提高。

2. 以标准产品为目标

标准农产品一般应具备如下四种统一标准：一是营养标准。人类要健康，这些营养素的数量必须能满足人体的要求，每一农产品都包含若干种营养素，标准农产品所包含的各种营养素含量都必须达到统一的标准。二是品尝标准。即标准农业生产的农产品必须满足人们的品尝需要，符合人们的品感。三是卫生标准。即标准农业生产的农产品必须能满足人们健康需要，符合人们的健康要求，特别是有害物质含量绝对不能超标。四是审美标准。即标准农业生产的农产品还必须能满足人们的审美需要，符合人们的审美要求，产品外观要有美感，且同种产品外观要一致。

3. 以标准理念为指导

要发展标准农业，生产标准产品，必须树立农业标准化理念，以标准文化为向导，形成标准的思维方式，培育标准的行为方式，追求标准的农业事业。确切地讲，标准农业文化指的是在标准农业的产生、形成和发展的过程中，通过农业标准的制定、农业生产质量环境的营造、农业标准技术的研制、农业质量标准的监测、农业标准生产的管理，而形成的一种产业文化。标准思维方式指的是从农业标准化的角度去思考问题、认识问题、判断问题、审定问题。标准行为方式指的是在农业生产的过程中，自始至终、各个环节都围绕农业标准来进行。标准农业事业则是指通过农业标准的制定、农业生产质量环境的营造、农业标准技术的研制、农业质量标准的监测、农业标准生产的管理，生产标准农产品的过程。

4. 以标准文件为依据

标准文件包括如下四种：一是农产品质量标准。应包含农产品的营养、品尝、卫生和审美标准等内容。二是农业生产技术过程规程标准。应包含产地选择、备耕、规格、栽植、施肥、灌水、防治病虫害、收获等标准内容。三是农业投入品质量标准。应包括农业投入品的品种、规格、主要要素含量、有害物质残留量、用途和使用方法等标准内容。四是农业生产环境质量标准。应包含土壤肥力水平、水质、有毒物质限量、农田基本建设水平、空气、周围环境等标准内容。

5. 以标准环境为条件

环境标准应包括如下三个方面的内容：一是生态环境。产地周围的环境应达到良性循环的要求，不但植被状态好、水土保持好，而且植被之间、植被与水土之间、周围植被与产地之间形成互促互补的生物链。二是安全环境。即产地及其周围环境的有害物质，特别是土壤、水和空气中的有害物质含量应低于限量水平，不影响人体健康，符合生活质量水平日益提高的人们对安全质量的要求。三是地力环境。产地土壤肥力水平达到高产稳产地力水平，产地土壤的有机质、氮、磷、钾及其他微量元素含量丰富，比例协调，能满足高产优质作物生长发育的基本要求。

6. 以标准技术为手段

标准技术包含三个方面：一是农业生产环境质量控制技术。这一技术应以农业生产环境质量标准为依据，围绕标准农产品对农业生产环境的生态、安全、地力要求，通过植被营造、水土保持等生态措施，通过开挖环山沟、排除有害物质等安全措施和广辟肥源、用地养地等养地措施，使农业生产环境质量达到生产标准农产品的要求。二是农业投入品质量控制技术。农业投入品包括肥料、农药、激素、农膜等。这一技术也应以农业投入品质量标准为依据，围绕标准农产品对农业投入品的要求，通过对农业投入品生产原料的选择、把关，通过对农业投入品生产技术的运作和方法的操作，使农业投入品质量达到生产标准农产品的要求。三是农业生产过程质量控制技术。这一技术同样应以农业生产过程规程质量标准为依据，围绕标准农产品对农业生产过程规程的要求，通过园地选择、规划、备耕、种植规格、栽植、施肥、灌水、防治病虫害、盖膜、收获等技术的标准使用，使农业生产过程质量达到生产标准农产品的要求。

7. 以标准监测为约束

标准监测包含三方面的内容：一是农业生产环境质量监测，即监测农业生产环境之生态因素、安全因素和地力因素是否达到标准文件所要求、规定的质量水平。二是农业投入品质量监测，即监测肥料、农药、激素和农膜等农业投入品之主要理化指标是否达到标准文件的要求、规定的质量水平。三是农产品质量监测，即监测农产品之营养、品尝、卫生和审美要素是否达到标准文件所要求、所规定的标准水平。

8. 以标准管理为保障

标准管理包含如下内容：一是产地认定和产品认证体系。即国家必须建立权威的安全优质农产品的产地认定和产品认证机构。二是市场准入机制体系。即根据农产品分布和密集情况，设置相应的农产品安全质量监督机构，对农产品进行安全检查，符合安全质量要求的发给市场准入证，允许进入市场，进入消费，否则予以拒绝，以维护消费者权益。三是品牌安全优质农产品评审体系。即建立国家授权、认可的品牌安全优质农产品评审机构，建立系统、规范、有序、理性的品牌安全优质农产品评审机制，定期对农产品进行评审，对荣获品牌安全优质农产品称号的，授予荣誉证书，以促进安全优质农产品向品牌化的方向发展，提高品牌安全优质农产品的知名度和市场竞争力。四是对假冒伪劣农产品打击、制裁体系。即加强执法队伍的建设，以标准文件为依据，以安全优质农产品认证证书及其使用标志为凭证，以农业标准有关法律、法规为手段，开展对假、冒、伪、劣农产品的打击、制裁，以维护安全优质农产品的正常生产和市场营销。五是法律、法规体系。即以宪法为指导，根据我国的实际，制定一部关于农业标准化或标准农业的法律或法规，使农业标准化工作、标准农业生产纳入法制的轨道，并能够在法律的约束下有序、理性、规范、健康地向前发展。六是组织机构体系。即从中央到地方，建立、健全农业标准化工作机构，设置专门岗位，配备专门人员，装备专门设备，编制农业标准化工作专门路线图，使用农业标准化专门资料，执行农业标准化工作专门操作程序，以标准的组织机构，通过标准的工作，确保农业标准化工作有序、理性、规范、健康地向前发展。

九、精准农业

（一）精准农业的概念

精准农业是当今世界农业发展的新潮流，是由信息技术支持的根据空间变异，定位、定时、定量地实施一整套现代化农事操作技术与管理的系统，其基本含义是根据作物生长的土壤性状，调节对作物的投入，即一方面查清田块内部的土壤性状与生产力空间变异，另一方面确定农作物的生产目标，进行定位的"系统诊断、优化配方、技术组装、科学管理"，调动土壤生产力，以最少的或最节省的投入达到同等收入或更高的收入，并改善环境，高效地利用各类农业资源，取得经济效益和环境效益。

（二）精准农业的特点

精准农业是在现代信息技术、生物技术、工程技术等一系列高新技术最新成就的基础上，发展起来的一种重要的现代农业生产形式，其核心技术是地理信息系统、全球定位系统、遥感技术和计算机自动控制技术。

1. 现代信息技术

精准农业从 20 世纪 90 年代开始在发达国家兴起，目前已成为一种普遍趋势，英国、美国、法国、德国等国家纷纷采用先进的生物、化工乃至航天技术使精准农业更加"精准"，美国把曾在海湾战争中运用过的卫星定位系统应用于农业，这种技术被称为"精准种植"，即通过装有卫生定位系统的装置，在农户地里采集土壤样品，取得的资料通过计算机处理，得到不同地块的养分含量，精准度可达 1~3 平方米。技术人员据此制定配方，并输入施肥播种机械的电脑中。这种机械同样装有定位系统，操作人员进行施肥和播种可以完全做到定位、定量。还可将卫星定位系统安装在联合收割机上，并配置相连的电子传感器和计算机，收割机工作时可自动记录每平方米农作物产量、土壤湿度和养分等的精确数据。

2. 现代生物技术

现代生物技术最显著的特点是打破了远缘物种不能杂交的禁区，即用新的生物技术方法开辟一个世界性的新基因库源泉，用新方法把需要的基因组合起来，培育出抗病性更强、产量更高、品质更好、营养更丰富，且生产成本更低的新作物、新品种；另外，还具有节约能源、连续生产、简化生产步骤、缩短生产周期、降低生产成本、减少环境污染等功效。例如，美国把血红蛋白基因转移到玉米中，不仅保持了玉米的高产性能，而且提高了它的蛋白含量。抗转基因水稻、玉米、土豆、棉花和南瓜等已在美国、阿根廷、加拿大数百万公顷土地上试种。

微生物农业是以微生物为主体的农业。微生物在合成蛋白质、氨基酸、维生素、各种酶方面的能力比动物、植物高上百倍；微生物还可利用有机废弃物，变废为宝、保护生态环境。利用有益微生物，不仅可获得大量生物量，用于制作食用蛋白质以及脂肪、糖类等专门食品，而且生物技术在生物防治、土壤改良方面也有突出表现。

3. 现代工程装备技术

现代工程装备技术是精准农业技术体系的重要组成部分，是精准农业的"硬件"，其核心技术是"机电一体化技术"。在现代精准农业中，现代工程装备技术可以应用于农作物播种、施肥、灌溉和收获等各个环节。

精准播种就是将精准种子工程与精准播种技术有机结合，要求精准播种机播种均匀、精量播种、播深一致。精准播种技术既可节约大量优质种子，又可使作物在田间获得最佳分布，为作物的生长和发育创造最佳环境，从而大大提高作物对营养和太阳能的利用率。

精准施肥是能根据不同地区、不同土壤类型以及土壤中各种养分的盈亏情况、作物类别和产量水平，将氮、磷、钾和多种可促进作物生长的微量元素与有机肥加以科学配方，从而做到有目的的施肥，既可减少因过量施肥造成的环境污染和农产品质量下降，又可降低成本。精准施肥要求有科学合理的施肥方式和具有自动控制的精准施肥机械。

精准灌溉是指在自动监测控制条件下的精准灌溉工程技术，如喷灌、滴灌、微灌和渗灌等，根据不同作物不同生育期间土壤墒情和作物需水量，实施实时精量灌溉，可大大节约水资源，提高水资源有效利用率。

精准收获则是利用精准收获机械做到颗粒归仓，同时，还可以根据事先设定的标准准确地将产品分级。

十、信息化农业

（一）信息化农业的概念

信息化农业就是集知识、信息、智能、技术、加工和销售等生产经营要素为一体的开放式、高效化的农业。其核心是农业信息化。从计算机用于农业的时候算起，现在已经发展到了包括信息存储和处理、通讯、网络、自动控制及人工智能、多媒体、遥感、地理信息系统、全球定位系统等阶段，出现了"智能农业""精准农业""虚拟农业"等高新农业技术。

农业信息化是指信息及知识越来越成为农业生产活动的基本资源和发展动力，信息和技术咨询服务业越来越成为整个农业结构的基础产业，以及信息和智力活动对农业增长的贡献越来越大的过程。

伴随经济全球化和信息全球化的到来，信息化技术已渗透到各个行业、各个领域，有力地促进了全球经济与社会的发展。西方国家的农业已发展到信息化阶段，欧美国家农业信息已经全面实现了网络化、全程化和综合化，农业信息技术已进入产业化发展阶段。从国内来看，我国农业信息化起步于20世纪80年代，发展于20世纪90年代，1994年我国开始启动"金农工程"，其目的是加速和推进农村和农业信息化，建立"农业综合管理和服务系统"。在"十五"期间，我国"金农工程"和农业信息化重点项目包括"农村市场信息服务行动计划工程""农业智能化信息管理与服务工程""农业卫星定位系统（GPS）、农业遥感信息系统（RS）、地理信息系统（GIS）"农业3S应用工程。到目前为止，我国已形成以农业农村部为中心，连接31个省、自治区、直辖市农业厅的信息网络平台，全国90%以上的市、县农牧局都建立了信息服务机构，绝大多数还建立了局域网。

（二）信息化农业案例——欧盟农业信息化服务模式

1. 欧盟的农业信息服务

欧盟官方农业信息服务机构主要有欧洲统计局、欧盟农业委员会、农场会计网委员会和农业理事会。

（1）欧盟农业信息收集机构。欧洲统计局和农场会计网委员会负责欧盟农业信息收集和标准化处理。它们在欧盟各成员国设联络处收集农业信息，其设计的调查问卷非常标准，便于成员国之间比较。联络处在收集农业数据时，经常与当地农业科研机构合作。联络处可能亲自拜访样本农户汇集信息，也可能把调研任务发包给当地会计事务所、大学、农业协会或其他机构。

（2）欧盟农业信息发布机构。欧盟农业委员会、农业理事会是欧盟主要的信息发布机构。其发布一般农业信息的程序为：分析农业数据→撰写报告草稿→欧盟农业委员会审议通过→欧盟农业委员会许可发布农业信息（以电子、传统出版物或新闻发布会的形式）。农业理事会主要信息服务项目有政策报告、新闻发布、农产品市场形势和预测、农产品市场价格公报、农业统计信息和研究报告。欧盟每年提供4份农产品市场价格季度报告和1份年终综合报告，这些报告均以英国、法国、德国、意大利等6国语言撰写。

2. 欧盟农业信息的主要使用者

欧盟政府和农产品生产经营者（农场主、农产品加工企业等）都是欧盟农业信息的主要使用者，但在这两者中又以政府使用为主，政府通过分析各类农业数据制定农业政策和法令，并对市场进行宏观调控。除政府外，欧盟农产品生产经营者也是农业信息的主要利用者之一，这些农场主和企业家主要通过订阅农业期刊、报纸和利用因特网获取信息。

3. 欧盟农业信息服务渠道

欧盟许多知名农业杂志都有自己的网站，如英国最受欢迎的杂志《农场主周报》的域名为 http：//www.fwi.co.uk。

欧盟农业信息服务网站提供的主要服务类型：一是农产品市场价格走势，如农业在线（http：//www.agCentralOnlin.com）

以提供市场价格走势为主。二是气象预报服务，代表性网站 http：//www.defra.gov.uk。三是科技信息，如家畜改进公司网站（http：//www.lic.co.nzAndex.html）提供最新的奶牛基因工程、人工繁殖、牛群测定、饲养管理等方面的信息。四是专家在线咨询，如 http：//directag.com/di-rectag/expert 提供农艺学家、牲畜养殖顾问和奶牛专家与农户在线交互式服务。五是提供各类农产品生产经营和管理工具，如 http：//www.AgrNet.ie 为农业生产者提供各类农产品经营管理软件和各类表格；http：//www.foi.co.uk/live/markets/ml-cfront.html 为牛肉经营者提供牛肉收益率计算软件等。

第三节　中国现代农业发展的趋势

随着科技的进步与发展，各种高新科技广泛应用于农业，农业将发生一系列深刻的变革，现代农业的发展进程将大大加快。在现代农业科技的引领下，现代农业未来发展将呈现以下趋势。

一、生物基因工程农业将迅速发展

农业生物遗传基因资源的拥有和开发利用，正在为现代农业注入新的活力和动力。作物、生物多样性重要组成部分的遗传基因资源，是人类赖以生存与发展创新的物质基础。为此，世界各国在 21 世纪，都把农业遗传基因资源的保护、研究和开发利用作为一项大事来抓。科学家们预言，现代农业对作物新品种改良和创新，正开始由过去传统的偏重矮化、高产型，逐步向超高产创新型、抗病广谱性和营养保健型方向转变，尤其是通过细胞分子杂交和基因重组导入等生物基因工程技术，来创造新物种和新的生物资源。

二、信息农业正在兴起

当代世界正在由工业化时期进入信息化时代，以计算机多媒体技术、光纤和通信卫星技术为特征的信息化浪潮正在席卷全球。同样，现代信息技术也正在向农业领域渗透，形成信息农业。信息农业的基本特征可概括为：农业基础装备信息化、农业技术操作全面自动化、农业经营管理信息网络化。信息农业又包括两个内容：一是农业信息化；二是农业信息产业化。

三、生态农业的发展已逐渐成为全人类的共识

农业生态环境将实现新改观。生物农药、高效低毒残留农药和有机肥料的利用水平将显著提高，农业面源污染将得到有效控制。土壤持续生产力大幅度提高，草原沙化、盐渍化、退化将得到有效遏制。渔业资源环境明显改善，循环农业方式将基本形成，农业可持续发展能力显著增强。随着持续农业观点的迅速传播，它将代表农业发展的方向，并成为现代农业发展的一种新趋势。

四、设施农业将日趋成熟

设施农业是具有一定的设施、能在局部范围改善或创造环境气象因素，为动、植物生长发育提供良好的环境条件，而进行有效生产的农业。设施农业是农业工程学科领域，是依靠科技进步形成的高新技术产业，是当今世界最具活力的产业之一，也是世界上各国用以提高新鲜农产品的重要技术措施。目前，发达国家的设施农业已形成成套技术，完备的设施设备、生产规范、产量的可靠性与质量的保证体系，并在向高层次、高科技和自动化、智能化方向发展，将形成全新的技术体系。

五、农业产业化、企业化和市场化是现代农业发展的潮流

随着社会的发展，农业生态系统中的能量物质流、资金价值流、信息流将会更加迅速，系统将更加开放，与外界市场的联系将更加紧密。在这种情况下，农业生产直接受市场的引导和调控。农业产业化、市场化和企业化将成为现代农业发展的必然。农业产业化程度、农产品商业化程度、初级农产品深加工程度，体现了农业生产、生态系统发展的综合水平。

六、现代农业向重视效益的内涵型方向发展

传统农业生产只重视粮食作物单产和产值的提高。但是，在市场经济下，特别是加入 WTO 后，农业除了重视产量（值）的提高外，更应注重经济效益和产品质量。调整农业产业结构，发展名特优商品农业，提高农产品科技含量和商品附加值，降低农业生产成本，提高农产品的市场位，使农业由规模型、外延型转变到内涵型、质量型的发展模式，实现农业的现代化经营管理。农业的发展，除了其产品的"市场位"外，还取决于其"生态位"。生态位反映产品的生态价值、环境价值和美学价值，市场位则反映产品的市场竞争能力。二者相辅相成，产品生态位优的，有利于其市场位的提高；单纯追求市场价值而不顾生态价值的农业企业，则缺乏长远发展的竞争潜力。

七、现代农业使农民收入加快提高

农民务农收益明显增加，外出务工数量和工资水平将进一步提高，休闲农业、观光农业等蓬勃发展，农民增收渠道进一步拓宽，收入来源日趋多元化，持续增收的长效机制基本形成。

第四节 现代农业新理念

一、现代农业生物技术

现代农业生物技术是以农业生物为主要研究对象,以农业应用为目的,以基因工程、细胞工程、发酵工程、蛋白质工程等现代生物技术为主体的综合性技术体系。利用生物技术,可以培育出优质、高产、抗病虫、抗逆性的农作物、畜禽、林木、鱼类等新品种;可进行再生能源的利用,解决能源短缺问题;可以扩大食物、饲料、药品等来源,满足人类日益增长的需要;可以进行无废物的良性循环,减少环境污染,充分利用各种资源等。目前,现代生物技术已在许多方面对我国的农业发挥着重要作用。

(一)改善农业生产,解决食品短缺

1. 培育抗逆的作物优良品种,提高农作物产量及其品质

通过基因工程对生物进行基因转移,使生物体获得新的优良品性,这种技术称转基因技术。通过转基因技术获得的生物体称为转基因生物。转基因技术在作物育种上的应用是生物技术农业应用的最主要领域。目前,已经实现对大量的作物进行转基因开发,并有部分进入了商业化应用阶段,这些转基因作物主要涉及四大类近 50 种作物(表 3-1)。

表 3-1 目前已开发的转基因作物

作物类别	作物
大田作物	玉米、大豆、油菜、棉花、小麦、黑麦、甜菜、向日葵、甘薯、烟草、亚麻等

（续表）

作物类别	作物
果树、蔬菜	苹果、杏、梨、胡桃、草莓、番茄、芦笋、白菜、胡萝卜、芹菜、花椰菜、黄瓜、茄子、辣椒、生菜、香瓜、豌豆、番木瓜、马铃薯、苜蓿等
林木	白杨、云杉等
花卉、中药材	康乃馨、菊花、毛地黄、莲花、牵牛花、鸭茅草、甘草、郁金香等

目前，商业化应用的转基因作物主要有抗虫棉花、抗虫大豆、抗虫玉米、抗虫小麦、抗虫杨树、保鲜番茄、抗病木瓜等。

（1）抗虫品种的开发。在抗虫品种的开发中，利用的抗虫基因主要有 Bt 毒蛋白基因、蛋白酶抑制剂基因等。目前，已成功地将 Bt 基因转移到马铃薯、烟草、玉米、水稻等作物上，育成了抗甘薯甲虫的甘薯品种、抗欧洲玉米螟的玉米品种、抗卷叶虫与钻心虫的水稻品种、抗棉铃虫的棉花品种、兼具抗虫抗病毒性状的马铃薯等，并已实现商业化生产。豇豆胰蛋白酶抑制因子的基因已被成功引入烟草，它的抗虫谱广，能抗鳞翅目、鞘翅目害虫等。

（2）抗病品种的选育。目前，人们已经获得了抗病毒的烟草、番茄、苜蓿、马铃薯、西瓜、甘薯、黄瓜、小麦与水稻等；在抗真菌病害方面，获得了抗茎腐病的油菜与抗尖镰孢霉菌的马铃薯等抗病植株以及转几丁质酶基因的大豆、棉花、小麦、水稻、玉米、莴苣、甜菜等抗真菌病害植株。

（3）耐除草剂品种的开发。目前已获得了耐广谱性除草剂的马铃薯、大豆、棉花和油菜的品种与耐广谱性除草剂的小麦植株。耐除草剂转基因作物应用面积始终占据全球转基因作物面积70%以上，美国种植的1/2的大豆、1/3的油菜均为耐除草剂转基因品种。

（4）抗特殊环境胁迫的作物品种开发。通过转基因以使农作物增值为主要目标的第二代转基因作物的开发也进入研制开发阶段，并表现出诱人的前景。现已培育成功一批有特殊利用价值的大豆、油菜、玉米、棉花等新品种，部分已进入小面积的商业化应用。

2. 种苗工厂化快繁技术及脱毒苗生产

（1）种苗的微繁技术。利用细胞工程技术对优良品种进行大量的快速无性繁殖，可以实现种苗的工业化生产。该项技术又称植物的微繁殖技术（简称微繁技术）。利用这种无性繁殖技术，短时间内得到遗传稳定的大量小苗（称为试管苗，以区别于种子萌发的实生苗）。并可实现工厂化生产。一个 10 平方米的恒温室内，可繁殖 1 万~50 万株小苗。所以该项技术可使有价值的、自然繁育慢的植物在很短的时间和有限的空间内得到大量的繁殖。

利用植物微繁殖技术还可培育出不带病毒的脱毒苗。由于植物的根尖或茎尖分生细胞常常是不带毒的，用这种细胞在试管进行无菌培养而繁育的小苗也是不带毒的，从而减少了病毒感染的可能性。

植物的微繁殖技术已广泛应用于花卉、果树、蔬菜、药用植物等的快速繁殖及商品化生产。我国已建立了葡萄、苹果、香蕉、柑橘、花卉等多种植物试管苗的生产线。

（2）脱毒种苗生产。农作物特别是无性繁殖作物，都可能受到一种或一种以上病原的周身感染。如：草莓可感染 62 种病毒和类菌体，因而每年都须更新母株；马铃薯种性的退化与 20 多种病毒有关；另外，还发现有 35 种病毒严重影响苹果生产，影响梨的有 22 种，影响葡萄的有 20 多种。

脱毒苗生产充分利用了植物的快繁技术，因而具有繁殖速度快、利于保持种性及工厂化生产等优点。同时，利用脱毒苗进行生产，可有效减少病毒危害，提高作物产量及产品品质。

生产脱毒苗技术与植物快繁技术相似，主要的差异在于脱毒的生产多了病毒和纯度检测环节。其生产程序为：选择生长繁茂、感染轻的健壮植株，获取茎尖→组织培养获得脱毒试管苗→病毒和纯度检测→脱毒苗工厂化快速繁殖。

（3）无土栽培生产微型薯。无土栽培生产微型薯是薯类作物安全、快速、高速生产脱毒薯苗的另一种有效方法。具体做法是将试管苗剪成单节茎段，扦插在载体（如蛭石）上，用营养液供茎段生长，并使其结薯。一般在 40～60 天内收获一次薯块，一年可扦插 5 次，繁殖效率极高。生产 3 万粒微型薯只需 2.7 平方米培养架，10 平方米温室一年可生产 10 万粒微型薯，重量仅 100 多千克，相当于几吨种薯，足够 30 亩地种植，能减少用种量 90%以上。此外，微型种薯也便于长期保存和远距离运输。

3. 利用生物技术提高养分有效性

日本已将固氮基因转入到水稻根际微生物中，试验表明可降低水稻需氮量的 1/5，从而有助于减少化肥施用量。我国采用基因工程选育的耐氨型水稻根际固氮菌，已从试验进入田间推广阶段，其应用面积处于世界领先地位。施用这种细菌可节约化肥 1/5，平均增产 5%～12.5%。

除细菌外，也可利用真菌提高养分有效性。研究表明，利用真菌接种到土壤，可增加磷与锌的有效性，从而提高作物产量。

4. 利用生物技术开发生物制剂

防治有害生物的生物制剂既可以是细菌性的，也可以是真菌性的或病毒性的。如目前最主要的应用是利用细菌（主要是苏云金杆菌）开发成功了杀灭鳞翅目害虫的细菌杀虫剂。利用真菌开发了治甘薯甲虫与甘蔗沫蝉的真菌杀虫剂。利用真菌开发成功的诸如杀灭野豌豆的 Collego、杀灭马利筋属杂草的 Devine 与杀灭山扁豆属杂草的 Cast 的真菌除草剂。

5. 植物生物反应器

（1）利用马铃薯生产人奶蛋白。将编码 β-酪蛋白与乳铁蛋白的基因导入马铃薯后，在马铃薯中表达出人奶的重要组分。目前一只 300 克的马铃薯所含的 β-酪蛋白相当于 250 毫升的人奶，1 公顷转基因马铃薯创造出的 β-酪蛋白和乳铁蛋白分别相当于 19 250 升和 12 250 升人奶相应的成分含量。

（2）转蜘蛛丝蛋白基因的马铃薯。利用烟草和马铃薯作为生物反应器，将棒络新蜘蛛的丝蛋白基因导入植物，获得的重组蛋白与天然蛋白具有 90% 的同源性，马铃薯块茎中的表达量可达总蛋白含量的 2%。

（3）利用番茄生产乙肝疫苗。中国科学院在成功研制出转基植物——抗乙肝马铃薯之后，又成功地培育出抗乙肝番茄，可用于药物生产。

（4）利用油菜生产可降解塑料。目前研究最清楚的一种生物可降解塑料是 PHB（聚羟基丁酸脂）主要靠微生物生产，但规模小，成本高，目前难与石油产品相竞争。但从发展态势看，利用植物生产 PHB，由于合成 PHB 的关键酶底物丰富，产量高，成本低，利于大规模生产，发展前景广阔。1994 年美国 Zeneca 种子公司利用油菜，成功获得 PHB 转基因油菜。2000 年我国学者叶梁等转化育成油菜 H165，可用于可降解塑料的生产。

（二）发展畜牧业生产

现代生物技术的迅速发展为养殖业的革新提供了有效的技术手段，为动物生产注入新的活力。利用生物技术在短期内大量繁殖优良动物品种或繁育具有新性状的良种已显示出巨大的潜力。

1. 利用生物技术改良动物品种

与动物育种有关的现代生物技术包括动物转基因技术、胚胎技术、动物克隆技术以及其他以 DNA 重组技术为基础的各种技术等。其中转基因技术同样是动物品种改良的主要技术。利用转基因技术，将与动物优良品质有关的基因转移到动物体内，使动物获得新的品质。例如，通过核移植培育鲤—鲫杂交鱼，通过生长激素基因工程培育"超级"畜、"超级"鱼等。通过发酵生产多种生长激素和催乳素等来促进动物生长，缩短了家畜的生长期，起到了增肉、增奶、增蛋效果，提高了家禽家畜的商品率。第一例转基动物是 1983 年美国学者将大鼠的生长激素基因转入小鼠的受精卵里，再把受精卵转移到雌鼠内借腹怀胎，生下来的小鼠因带有大鼠的生长激素基因而使其生长速度比普通小鼠快 50%，并可遗传给下一代。除了小鼠外，科学家们还成功地培育了转基因羊、转基因兔、转基因鱼等多种动物新品系。

我国在转基因动物研究方面，同样做了大量的工作，有的已达到了国际领先水平。先后培育了生长激素转基因猪、抗猪瘟病转基因猪、生长激素转基因鱼（包括红鲤、泥鳅、镜鱼、鲫鱼）等。

此外，利用动物转基因技术在建立试验动物模型方面具有独特的作用。通过转基因技术，遗传学家可精确地失活或增强某些基因的表达来制作各种各样的研究人类疾病的动物模型。目前，利用转基因小鼠作为模型动物来研究人类遗传疾病类型有老年性痴呆症、关节炎、肌肉营养缺乏症、肿瘤发生类型、高血压、神经衰弱症、内分泌功能障碍和动脉硬化症等。

2. 动物克隆

动物克隆技术一直是现代生物技术最具活力、最具诱惑力的领域，各国争相占领制高点。1996 年 8 月美国科学家用胚胎切割技术培育出 2 只恒河猴。尤其是 1997 年 2 月苏格兰科学家成功利用体细胞克隆了"多利"绵羊后，在全世界掀起了克隆研究热潮。1997 年 7 月，第一头带有人类基因的转基因绵羊"波利"诞生，更显示了克隆技术在培育转基因动物方面的巨大应用价值和在生产生活中广阔的应用前景。除了与基因治疗结合外，使得全面、彻底、高效的遗传病治疗成为可能，以及利用克隆技术可以产生人体所需的器官等在医学上的重要作用外，克隆技术在动物生产上还有着十分重要的作用，比如，在克隆具有巨大经济价值的转基因动物、快速扩大优良种畜以及挽救濒危动物等方面。

3. 利用生物技术创新动物繁殖记录

生物技术创新动物繁殖主要是指通过人工授精、胚胎移植、胚胎的冷冻保存、体外胚胎生产、胚胎分割、性别控制及动物发情、排卵及分娩控制等技术实现短期内动物的大量繁殖。

4. 生物技术在动物饲料工业中的应用

生物技术在饲料工业中的应用同样对推动畜牧业的高效、持续、稳定发展具有重要的意义。这一领域的研究应用主要有以下几个方面：DNA 重组生长激素的研究与应用，发酵工程技术的研究与应用，寡肽、寡糖添加剂的研究与应用，天然植物提取物的研究开发，有机微量元素添加剂的研究与应用以及营养重分配剂的研究与应用等。

5. 利用生物技术研制畜禽基因工程疫苗

目前的基因工程疫苗主要有以下几种：基因工程亚单位苗、基因工程活载体苗、合成肽苗、基因缺失疫苗、基因疫苗等。

6. 动物生物反应器

利用转基因动物生产的药用蛋白具有生物活性，而且纯化简单、投资少、成本低，对环境没有污染。利用动物作为药用蛋白的生物反应器，将为传统畜牧业开辟全新的领域。

在目前作为生物反应器开发的各种动物中，小鼠是模型动物，家兔是主流，而反刍动物是理想的转基因生物反应器。

利用乳腺作为生物反应器是当今动物生物反应器研究的热点领域，有 21 世纪"黄金工厂、钻石车间"的美誉。其要旨是利用乳腺生物反应器来生产药用蛋白或提高乳汁营养。

目前在乳腺中已获得 tPA、人 α 抗胰蛋白酶、人蛋白 C、人凝血因子 IX、人尿激酶、人乳铁蛋白等。在这一领域代表性的成果有：英国 PPL 公司 1993 年培育出绵羊奶中含有治疗肺气肿的 α-I 抗胰蛋白酶的母羊，羊奶售价 6 000 美元/升，每克药用蛋白价值 10 万美元；荷兰 PHP 公司 1991 年培育出能分泌人乳铁蛋白的牛（3 头转基因牛年产奶价值上亿美元）；以色列 LAS 公司培育出能生血清蛋白的羊；我国在 1996 年 10 月培育的一头转基因山羊在乳中分泌出了有活性的能治疗血友病的人凝血因子 IX；1998 年 2 月，上海医学遗传研究所与复旦大学遗传学研究所经过多年合作研究，又获得了 5 头含有用于治疗血友病的人凝血因子 IX 基因的转基因山羊，该成果被评为 1998 年中国十大科技成果之一；1999 年 2 月，我国又培育成功带有人白蛋白基因的转基因试管牛。

二、现代农业信息技术

现代农业信息技术是以传感技术、通讯技术和计算机技术为主，实现农业生产活动有关的信息采集、数据处理、判断分析、存储传输和应用为一体的集成农业技术。涉及农业数据库、管理信息系统、地理信息系统、决策支持系统、专家系统、计算机网络系统、卫星遥感系统、全球定位系统、远程通讯等技术的综合运用。

（一）现代农业信息技术类型

1. 信息采集技术

信息采集技术是以遥感系统、全球定位系统、地理信息系统、地面自动化实测技术等对农业生产过程中的各种农业信息进行实时采集。

2. 信息传输技术

信息传输技术是指以通讯技术、地理信息系统技术等将采集到的各种农业信息，通过接口，高速度、高质量、准确及时、安全可靠地实时传输至农业信息系统，实现农业信息系统资料的实时更新。

3. 信息处理技术

信息处理技术是指以数据处理技术、模拟模型技术、虚拟现实技术和地理信息系统技术等对农业信息按需求进行处理分析，给出指导农业经营和生产的有用信息，为农业发展提供咨询服务和决策支持。

4. 信息管理技术

信息管理技术是以计算机网络技术为基础，充分利用数据库管理技术、地理信息系统技术对农业资料、图像和文档等信息进行管理，并实现信息资源共享。

5. 信息服务技术

信息服务技术是以多种服务方式，将农业信息产品快速、准确地服务于用户。

6. 信息应用技术

信息应用技术是根据农业生产活动和环境资源信息处理结果，利用控制技术实时确定农业生产管理控制，通过智能化的农机具及设备控制具体实施。

（二）现代农业信息技术的应用

现代农业信息技术在发达国家得到了迅速发展和广泛应用，已经成为提高农业生产力和农业资源利用水平最有效的手段和工具。我国从 20 世纪 80 年代起，开展了农业信息技术的研究，经过 30 多年的努力, 有了长足发展, 也取得了明显成就。

1. 3S 技术

3S 技术是指遥感（RS）、地理信息系统（GIS）、全球定位系统（GPS）。3S 技术目前已经被广泛应用于农业的各个方面, 如种植业、养殖业、农业机械、水产业等。主要应用于综合开发、产量估算、生长监测、病虫害预报等。

（1）遥感（RS）, 包括航空遥感和卫星遥感。航空遥感能进行较精确的测量和立体观察。卫星遥感频度大、时间和空间分辨率高、便于数字化分析。美国宇航局和美国农业部等在 1975 年首次运用 RS 技术实施 "大面积作物调查试验计划", 分别对美国本土及苏联当年的小麦长势和产量进行监测、预测。

（2）地理信息系统（GIS）, 是在计算机软硬件的支持下, 对有关空间数据按地理坐标进行输入、存储、查询、检索、运算、分析、显示、更新和提取应用的技术系统。中国农业大学与荷兰 Wageningen 农业大学合作研究的基于作物生长模拟模型、遥感和地理信息系统的不同层次尺度作物生产管理和土地持续利用项目, 重点研究作物生产管理决策、区域经济发展模型、土地持续利用规划体系、区域作物生产力评价和预警方法体系。中国水稻研究所的农作物病虫灾变预警 Web-GIS 系统开发探讨项目, 是以 GIS 为依托, 利用 Internet 技术, 建立在 Web 上发布、交流病虫预测预报信息的 Web-GIS, 以解决农作物病虫灾变预警等重大可持续发展面临的问题, 提高植物保护中信息交流、预测预报决策水平。河北农业大学人工智能研究所任振辉等研究的用 VF5.0 开发的小麦、玉米综合管理系统项目, 运用 GIS 技术, 将农业技术、科研成果和专家经验与计算机技术结合起来, 根据华北平原灌溉区冬小麦、夏玉米一年两作的生产模式, 建成作物营养的合理调配与精确施肥方案的决策管理系统。

（3）全球定位系统（GPS）, 是以人造卫星组网为基础的无线电导航系统，主要由卫星星座、地面监控和用户信号接收三部分组成。为全球范围内的用户提供全天候、连续、实时、高精度的七维数据（三维位置+三维速度+一维时间），具有解决多种学科重大问题的能力，目前已经被广泛应用到各个领域。大连水产学院研究的基于微机的渔业资源探测系统，与 GPS 信号结合，可用于海洋源的调查和评估。中国的全球定位系统为北斗卫星导航系统，也越来越多的应用于渔业与农业。

2. 通讯技术

现代信息技术为人们提供的网络通讯工具有电子邮件、网络电话、网络传真、网络寻呼、WAP 等。

（1）电子邮件（E-mail）。通过计算机网络系统，可无需纸张，方便地写信、寄信、读信、回信和转发信件。你可以在任何一个设有免费信箱的网站去申请一个属于你的私人信箱，设定好自己的用户名和密码。使用电子信箱发送国际信件也不需付特别费用。还可以传输文件、订阅电子杂志、参与学术讨论、发送电子新闻，进行多媒体通讯，发送和阅读包括图像、图形、文本、声音和动画在内的多媒体邮件。

（2）网络电话。通过计算机网络的电话系统，它是以多媒体为载体，加上适当的软件，进行 PC to PC、PC to Phone、Phone to Phone 的通讯，而且有的还实现了可视传输。

（3）网络寻呼。目前最常用的有 ICQ 和中文 OICQ 等，中文 OICQ 不仅仅是一个虚拟寻呼机，而且还可以和其他短讯通讯网络互联，如无线寻呼网、GSM 无线移动电话短消息、传真甚至电话网。ICQ 支持显示朋友在线信息、即时传送信息、即时交谈、即时发送文件等。微信是近几年应用广泛的网络交流平台。

3. 农业信息网络系统

农业信息网络建设是提高农业综合生产能力的一项重要基础工程。其主要意义表现在 5 个方面：一是有利于快速、准确、全面地了解国内外农业发展动态；二是有利于农业工作者工作手段的改善，共享农业信息资源，协同攻关；三是有利于实现农业系统办公自动化、提高工作效率和管理水平；四是建立基于网络和多媒体的农业成果推广系统，缩短农业技术的推广周期；五是有利于建立农业信息市场，实现网上交易。据不完全统计，国内中文农业相关网站有近万个。国内农业网站中，从中央到地方大多数都建立了网站，如中国农业信息网、中国畜牧兽医信息网、中国种植业信息网、中国农机化信息网、中国农垦信息网、中国水产市场信息网等，大多数省份都建立了自己的农业信息网。

4. 农业应用软件系统

计算机网络技术的普及，极大地促进了农业应用软件的开发研究和推广应用，并且逐步取得较好的经济效益。如专家系统、决策支持系统、数据库管理系统、信息管理系统、多媒体技术系统等。

（1）专家系统。专家系统是指将众多农业专家的智慧综合起来，形成一个知识库和将实际农业生产活动中获得的许多范例组合成一个范例库。如由长春市农业科学院、吉林大学计算机系共同研制的基于范例推理的玉米高产栽培模式专家系统；由北京佑格科技发展有限公司与农业部饲料工业中心、中国科学院动物研究所研制的猪病诊断专家系统等。

（2）决策支持系统。其基本原理与专家系统相似，但主要应用在决策和预测领域。如中国农业科学院的基于模糊规则作物产量预测研究，河北农业大学的苹果、梨病虫害综合防治决策支持系统，北京佑格科技发展公司的饲料配方超级优化决策系统等。

（3）数据库。目前，农业系统开发应用的有代表性的数据库有：中国农林文献数据库、中国农业文摘数据库、中国农作物种质资源数据库、农副产品深加工题录数据库、植物检疫病虫草害名录数据库、农牧渔业科技成果数据库、中国畜牧业综合数据库、全国农业经济统计资料数据库、农产品集市贸易价格行情数据库、农业合作经济数据库等。

（4）信息管理系统。依据标准化的数据结构与交换格式，组织和管理农业信息；基于 RS、GIS、GPS 的农业生态体系与可持续性评价、宏观农业决策、营销战略和市场分析；Interner 与 Intranet 相结合的农业信息采集与科技服务，如中国农业资源信息系统、农机化微机管理系统、乡镇企业管理信息系统、蛋鸡场生产管理系统等。

（5）多媒体技术系统。多媒体技术为信息的获取、储存、传输提供了新的方法，它不仅能处理文字、数据，而且还能处理图形、图像、声音、视频等，达到图、文、声并茂的效果，大大拓展了信息资源的应用范围。农业领域的多媒体技术，主要应用于农业技术的推广、教学和科研等方面。如中国蔬菜害虫多媒体数据库、水稻的主要害虫及其防治、瘦肉型猪规模化养殖、现代养猪综合技术等多媒体系统。

三、现代农业节水技术

随着全球性水资源供需矛盾的日益加剧，世界各国，特别是发达国家都把发展节水高效农业作为现代农业可持续发展的重要措施。节水农业技术的应用可大致分布在四个基本环节中：减少灌溉渠系（管道）输水过程中的水量蒸发与渗漏损失，提高农田灌溉水的利用率；减少田间灌溉过程中的水分深层渗漏和地表流失，在改善灌水质量的同时减少单位灌溉面积的用水量；减少农田土壤的水分蒸发损失，有效地利用天然降水和灌溉水资源；提高作物水分生产效率，减少作物水分无效性蒸腾消耗，获得较高的作物产量和用水效益。

节水农业技术通常可归纳为工程节水技术、农艺节水技术、生物（生理）节水技术和水管理节水技术四类。

（一）工程节水技术

随着现代化规模经营农业的发展，由传统的地面灌溉技术向现代地面灌溉技术的转变是大势所趋。在采用高精度的土地平整基础上，采用水平畦田灌和波涌灌等先进的地面灌溉方法无疑是实现这一转变的重要标志之一。精细地面灌溉方法的应用可明显改进地面畦（沟）灌溉系统的性能，具有节水、增产的显著效益。激光控制土地精细平整技术是目前世界上最先进的土地平整技术，国内外的应用结果表明，高精度的土地平整可使田间灌水效率达到70%~80%，是改进地面灌溉质量的有效措施。随着计算机技术的发展，在采用地面灌溉实时反馈控制技术的基础上，利用数学模型对地面灌溉全过程进行分析已成为研究地面灌溉性能的重要手段。应用地面灌溉控制参数反求法可有效地克服田间土壤性能的空间变异性，获得最佳的灌水控制数，有效地提高地面灌溉技术的评价精度和制订地面灌溉实施方案的准确性。

（二）农艺节水技术

利用耕作覆盖措施和化学制剂调控农田水分状况、蓄水保墒是提高农田水利用率和作物水分生产效率的有效途径。国内外已提出许多行之有效的技术和方法，如保护性耕作技术、田间覆盖技术、节水生化制剂（保水剂、吸水剂、种衣剂）和旱地专用肥等技术正得到广泛的应用。如美国中西部大平原由传统耕作到少耕或免耕，由表层松土覆盖到作物残茬秸秆覆盖，由机械耕作除草到化学制剂除草，都显著提高了农田的保土、保肥、保水的效果和农业产量。法国、美国、日本、英国等开发出抗旱节水制剂（保水剂、吸水剂）的系列产品。法国、美国等将聚丙烯酰胺（PAM）喷施在土壤表面，可以起到抑制农田水分蒸发、防止水土流失、改善土壤结构的明显效果。

（三）生物（生理）节水技术

将作物水分生理调控机制与作物高效用水技术紧密结合开发出如调亏灌溉、分根区交替灌溉和部分根干燥等作物生理节水技术，可明显地提高作物和果树的水分利用效率。与传统灌水方法追求田间作物根系活动层的充分和均匀湿润的目标不同。分根区交替灌溉和部分根干燥技术，强调在土壤垂直剖面或水平面的某个区域保持土壤干燥，仅让一部分土壤区域灌水湿润，交替控制部分根系区域干燥、部分根系区域湿润，以利于使不同区域的根系交替经受一定程度的水分胁迫锻炼，刺激根系的吸收补偿功能，使根源信号 ABA 向上传输至叶片，调节气孔保持在适宜的开度，达到不牺牲作物光合物质积累而又大量减少其无效的蒸腾耗水的目的。与此同时，还可减少作物棵间的土壤湿润面积，降低棵间蒸发损失因水分从湿润区向干燥区侧向运动带来的深层渗漏损失。调亏灌溉是基于作物生理生化过程受遗传特性或生长激素的影响，在作物生长发育的某些阶段主动施加一定的水分胁迫（即人为地让作物经受适度的缺水锻炼）来影响其光合产物向不同组织器官的分配，进而提高其经济产量而舍弃营养器官的生长量及有机合成物的总量。

（四）水管理节水技术

为实现灌溉用水管理手段的现代化与自动化，满足对灌溉系统管理的灵活、准确和快捷的要求，发达国家的灌溉水管理技术正朝着信息化、自动化、智能化的方向发展。在减少灌溉输水调蓄工程的数量、降低工程造价费用的同时，既满足用户的需求，又有效减少弃水，提高灌溉系统的运行性能与效率。

建立灌区用水决策支持系统来模拟作物产量和作物需水过程，预测农田土壤盐分及水分胁迫对产量的影响，基于 Internet 技术和 RS、GIS、GPS 等技术完成信息的采集、交换与传输，根据实时灌溉预报模型，为用户提供不同类型灌区的动态配水计划，达到优化配置灌溉用水的目标。为适应灌区用水灵活多变的特点，做到适时、适量地供水，需对灌溉输配水采用基于下游控制模式的自控运行方式，利用中央自动监控（即遥测、遥讯、遥调）系统对大型供水渠道进行自动化管理，开展灌区输配水系统的自控技术研究。明渠自控系统运行软件方面，着重开展对供水系统的优化调度计划的研究，采用明渠自恒定流计算机模拟方法结合闸门运行规律编制系统运行的实时控制软件。

四、现代农业无土栽培技术

无土栽培又称营养液栽培、水培等，是近几十年发展起来的一种农业栽培高新技术。它是一种不用土壤而用培养液与其他适当的设备来栽培作物的农业技术。无土栽培的特点是以人工创造的优良根系环境条件，取代通常的根系土壤环境，最大限度地满足根系对水、肥、气等诸多条件的要求，发挥作物生产的最大潜力。所以，无土栽培的作物产量高、品质好。随着科学技术的发展，无土栽培已不仅仅局限于人工对根系环境的改善，现已发展成为科学化、现代化、自动化等水平很高的作物栽培系统。它和生物技术一样，是当今世界发展很快的一门高技术学科，美国把无土栽培列为现代十大技术成就之一，它为实现农业的工业化生产，发展科技密集型农业展示了广阔的前景。无土栽培的兴起和发展，标志着农作物种植跨入了一个崭新的阶段，一次质的飞跃，使人类可以更充分地利用生存空间，取得超常的产品和物质，甚至成为人类在难以生存的南北两极生存的手段。

无土栽培可以分为5种，即水溶液培养法、沙培养法、培养基培养法、混合培养法和营养膜培养法，其中，最常用的是水培法和培养基法。

无土栽培的使用范围主要有以下几个方面。

（一）用于栽培蔬菜作物

当前多数国家栽培的作物以蔬菜为主，在蔬菜作物中栽培最多的是番茄，其次有黄瓜、厚皮甜瓜、西瓜、茄子、辣椒、莴苣、菠菜、芹菜等。

（二）栽培花卉植物

多用于栽培切花、盆花用的草本或木本花卉，其花朵较大，花色鲜艳，花期长，香味浓。主栽作物有玫瑰、菊花、香石竹、郁金香、风信子、唐菖蒲、蔷薇、大岩桐以及观叶植物等。

（三）苗木生产

用无土栽培进行苗木生产，具有成苗快、幼苗壮等优点。如果树苗、林木苗等。

（四）药用植物栽培

草本药用植物可用无土栽培，效果良好。

（五）食用菌栽培

英国等西欧国家用草炭及炭渣栽培食用菌，效果良好，每平方米产量达 16~20 千克。

（六）沙漠、荒滩、盐碱地及楼顶、阳台的利用

在沙滩薄地、盐碱地上利用无土栽培大面积生产蔬菜和花卉有良好效果；有条件的地方还可在楼顶、阳台进行无土栽培，用以补充蔬菜和花卉的需要，而且可以美化环境，调节气候。

（七）航天农业

随着航天事业的发展，无土栽培技术在航天农业上的研究与应用发挥着重要的作用，如美国肯尼迪宇航中心对用无土栽培生产宇航员在太空中所需的食物做了大量的研究与应用工作，有的粮食作物、蔬菜作物栽培已经取得很好的效果。

五、新材料、新机械在农业上的应用

（一）温室大棚技术

温室又称暖房，能透光、保温（或加温），用来栽培植物的设施，在不适宜植物生长的季节，能提高生育期和增加产量。多用于低温季节喜温蔬菜、花卉、林木等植物的栽培或育苗等。温室的种类多，依不同的屋架材料、采光材料、外形及加温条件等可分为很多种类，如玻璃温室、塑料温室；单栋温室、连栋温室；单屋面温室、双屋面温室；加温温室、不加温温室等。温室结构应密封保温，但又应便于通风降温。现代化温室中具有控制温湿度、光照等条件的设备，用电脑自动控制创造植物所需要的最佳环境条件。

（二）缓释肥技术

肥料作为最多的农业生产成本投入和最重要的增产要素，直接关系到农业的综合效益，大量的施肥实践证明：由于肥料性质与土壤环境条件的综合影响，普通的肥料施用后，一部分要随水土流失，易造成土壤板结，不利于农作物生长，对土壤环境以及地下水资源造成污染，一部分要挥发到空气中，对大气造成污染，从而使肥料的利用率严重下降；真正被农作物吸收的只是肥料的较少部分。缓释肥是施入土壤中养分释放速度较常规肥料大大减慢、肥效期延长的一类肥料。由于它具有长效性和缓效性，养分释放速度与作物吸收规律相近或一致，养分利用率提高 6%~15%。缓释肥对环境的污染被控制到最低水平。而高效缓释肥的出现，正是顺应了现代农业生产的这种需求，研制生产出的一种新型肥料。

（三）小型作业机械

小型作业机械方便在设施内使用，可以实现精准化操作。

六、物联网技术在智能化控制和农产品安全方面的应用

物联网概念于 1999 年提出，是将所有物品通过各种信息传感设备，如 RFID（射频识别技术，俗称电子标签）、基于光声电磁的传感器、3S 技术、激光扫描器等各类装置与互联网结合起来，实现数据采集、融合、处理，并通过操作终端，实现智能识别和管理。应用物联网可以实时地收集温度、湿度、风力、大气、降水量，精准地获取土壤水分、压实程度、电导率、pH 值、氮素等土壤信息。从而进行科学预测，帮助农民抗灾、减灾，科学种植，提高农业综合效益，实现农业生产的标准化、数字化、网络化。

（一）智能化控制

通过在农业生产园区安装生态信息无线传感器和其他智能控制系统，可对整个园区的生态环境进行检测，从而及时掌握影响园区环境的一些参数，并根据参数变化适时调控如灌溉系统、保温系统、防病虫害系统等，确保农作物有最好的生长环境，以提高产量、保证质量。

（二）农产品安全

物联网可对食品从生产到销售的各个进行全面监控。具体做法是给进入农贸市场的农产品安装上电子芯片，芯片可以及时记录该批产品的生产、加工、批发零售等各个环节的信息。消费者在购买产品时索要含有食品安全追溯码的收银条，凭借收银条上的二维码就可以用智能手机查询产地、来源、加工、检疫等多方面信息。物联网一方面可以提高经济效益，另一方面可以大大节约成本。目前，美国、欧盟等都在投入巨资深入研究物联网。随着智能农业、精准农业的发展，通信网络、智能感知芯片、移动嵌入式系统等技术在农业中的应用逐步成为研究的热点。

七、光伏技术在改善农村条件方面的应用

现在有个新词叫"光伏农业"。其实就是将太阳能发电广泛应用到现代农业种植、养殖、灌溉、病虫防治以及农机动力等领域。也可以运用在林业生产或水利建设上，例如太阳能水情监测报告系统、林业监测报告系统、水利灌溉系统等可利用光伏科技和太阳能。

（一）太阳能杀虫灯

最大好处是取代或减少农药的使用，可保证食品安全。同时，市场上的此类产品已经具有时控、雨控、光控、全天候智能化管理等功能，除了普通电源产品外，有些高科技公司还开发出一体化野外太阳能照明杀虫灯、室内便携式照明杀虫杀蚊灯等产品，极大地方便了农民进行病虫害防治。

（二）新型太阳能生态农业大棚

这种技术将太阳能光伏发电系统、光热系统及新型纳米仿生膜技术综合嫁接到传统温室大棚，达到了很好的效果。比如，转光膜技术能根据作物生长对不同波长的光吸收的需求，对透过转光膜的太阳光进行波长转换，以便农作物更容易吸收，提高了光合效率。这种新型大棚能完全实现能源自给，既节能环保，又极易维护，相比于传统大棚，有运行成本低廉、农产品量质量高的优点。

（三）太阳能光伏养殖场

这是将现代清洁能源工程与传统养殖事业相结合，在养殖场屋顶建设光伏电站，用以改善和提升传统畜牧养殖业并提供绿色能源的一种全新尝试，同时其推广和普及也能在提升新能源利用水平方面起到积极作用。

（四）太阳能污水净化系统

现在农村的环境污染日益严峻，如何治理污水是其中一个

不容忽视的问题。太阳能污水净化系统在将太阳能转化成热能、电能后再有效地运用于污水处理工艺中，在这个过程中，基本没有二次污染和能耗转移。

以上列举的只是几类极具代表性的、可实际运用的光伏产品，实际上，光伏农业还在其他很多方面有着广阔的应用前景。光伏农业符合生物链关系和生物最佳生产原料能量系统要求、遵循农产品生产规律并创新物质和能量转换技术，以达到智能补光、补水及调温的目的，而其产出的农产品将比现有方式生产的产品更安全、更营养、更高产。

八、农产品储藏保鲜加工技术

（一）农产品储藏保鲜技术

随着农产品市场化进程加快，传统储藏保鲜技术显然不能满足大规模生产、远距离流通以及人们对农产品储藏保鲜质量要求不断提高的需要，在原有的农产品储藏保鲜技术基础上，又出现了许多现代化农产品储藏保鲜新技术，如低温冷藏、气调储藏、减压储藏、辐射保藏、电场处理保鲜、化学保鲜、留树保鲜等。

（1）低温冷藏。低温冷藏是利用制冷机组和保温隔热性能良好的冷库，保持恒定的低温来进行储藏保鲜的方法。这种技术需要有一套制冷机组，有良好隔热性能的库房建筑结构。其造价高、耗能，但为永久性建筑结构，保鲜效果好，通风方便，周年利用率高。

（2）气调储藏。气调储藏是改变储藏环境中气体成分的储藏方法，即通常采用降低氧气浓度和提高二氧化碳浓度来抑制所储藏产品的呼吸强度，减少产品体内物质消耗，从而达到延缓农产品衰老的目的，延长储藏期，使其更持久地保持新鲜和处于可食用状态。

（3）减压储藏。减压储藏又叫低压储藏、真空储藏，是气调冷藏的进一步发展。减压储藏就是将储藏产品放在一个坚固的密闭容器内，用真空泵抽气降低压力的一种储藏方法。根据果蔬特性和储藏温度，储藏压力可以降低至 1/10 个标准大气压甚至更低。新鲜空气经过压力调节器和加湿器不断引入储藏容器，每小时更换 1～4 次，并一直保持稳定低压，用以除去各种有害气体。这种减压条件下产品的储藏期比常规冷藏延长 1 倍。

（4）辐射保鲜。辐射保鲜是利用电离辐射辐照各种食品进行灭菌、杀虫和抑制某些生理活动来延长谷物、豆类、干鲜果品、蔬菜、肉类以及水产品等的储藏方法。由于食品辐射加工过程中无须对食品进行加热，所以又称为冷巴斯德杀菌法。常用的辐射源为钴 60 和铯 137，根据需处理农产品种类和目的不同，所采用的照射剂量也不相同。经过辐射处理后的鲜活果蔬会产生一些不良现象，如表面发黄、组织软化、产生异味等，还会造成部分营养成分的损失，因此，在使用辐射处理时，要根据处理目的合理采用辐射剂量，也可以用二氧化碳、微波、涂蜡等处理，以减轻辐射的不良影响。

（5）电场处理。分为高压静电场处理和负离子与臭氧处理。高压静电场处理是采用非均匀的电晕电场形式，即在保鲜食品的上方架设金属导线，与接地极之间形成一定强度的电晕电场。供电电压在 50～200 千伏，根据保鲜产品的不同，进行间歇或连续的电场处理。其作用是延缓生物产品的新陈代谢、降低生物产品的呼吸强度、降低生物食品内酶的活性，从而起到保鲜作用。负离子处理是在负高压静电发生装置架上放电极使空气电离，产生高浓度的负离子雾。负离子直接作用于生物产品降低呼吸强度，减弱酶活性，延缓新陈代谢速率；净化储藏环境中的空气，起到静电除尘、净化空气的作用，减少传播微生物的载体。臭氧处理，当高压静电场的针板电极周围电场强度增大，引起空气电离，产生臭氧和臭氧负离子，臭氧是一种氧化性和活性都非常强的气体，又是一种良好的消毒剂和杀菌剂，瞬间杀灭细菌可以达到99%，并可在一定时间内自行还原分解，无任何残留物，是被公认的21世纪环保型消毒方法。臭氧对果蔬的保鲜作用：一是具有强烈的杀菌消毒作用，防止腐烂；二是抑制呼吸强度，减少养分消耗；三是消除乙烯、乙醇等有害气体，促进果蔬伤口愈合。

（6）化学保鲜。化学保鲜具有防腐和杀菌功能，在果蔬储藏和袋装食品的保鲜中应用广泛，一般由杀菌剂、激素、无机盐类、蜡和高分子化合物多种成分复合而成，具有降低新鲜果品呼吸、延缓后熟、防腐杀菌、防止水分散失等综合作用。保鲜剂的种类和用途较多，配制成分也根据商品目的不同而异，安全、高效、无污染、防腐保鲜产品，一般为专利性技术。

（7）留树保鲜。留树保鲜又称延长采收，是指果实留在树上保鲜，以延期采收的储藏方法。我国在20世纪70年代开始试验，在甜橙、红橘上取得成功，如今已在龙眼、苹果、梨、葡萄、桃、柚、脐橙、锦橙、血橙等果树上推广应用。留树保鲜与普通储藏相比，保鲜时间长，腐果率低，果实色泽、性状、水分和可溶性固形物、维生素C、糖、酸含量等指标均优于室内储藏。延长了水果的供应期，缓解了销售压力，经济效益显著高于其他储藏保鲜办法。

（二）农产品加工技术

传统的农产品加工是在手工操作的基础上，凭经验积累而进行的。随着市场经济发展起来的大规模社会化生产，农产品加工技术是需要运用物理学、化学、营养学、卫生学、生物学等知识以及新的技术革命成果来改进农产品加工工艺，因此，近年来出现了很多新的农产品加工技术。如膜分离技术、微胶囊技术、超临界萃取技术、超高压技术、真空浓缩技术、生物工程技术、冷冻干燥技术、挤压技术、脉冲电场杀菌技术、辐射杀菌技术等，并已在农产品加工领域中得到广泛应用。

（1）膜分离技术。膜分离技术是用半透膜作为选择障碍层，允许某些组分透过而保留混合物中其他组分，从而达到分离目的的技术。膜分离技术具有处理效率高，设备易于放大；可在室温或低温下操作，适宜于热敏感物质分离浓缩；提取过程不需要有机溶剂的参与，无相转变，可避免二次污染和额外的纯化过程，节能环保；选择性强，可在分离、浓缩的同时达到部分纯化的目的等优点，因此，主要用于生物产品分离、提纯与纯化过程。

（2）微胶囊技术。微胶囊技术是用可以形成微胶囊或膜的物质对核心体（芯材）进行包埋和固化的技术。胶囊化的微粒，由于内核外部都有保护层，可避免光、热、氧等环境因素的影响，比较稳定，可以延长储存期，并方便应用。

（3）超临界萃取技术。超临界萃取，又叫气相提取，是以超临界状态下的物质为溶剂，利用该状态下物质所具有的高渗透能力和高溶解能力萃取分离混合物的技术。超临界萃取所得到的分离产物与天然原料完全相同，故它是一项潜力很大的新技术。目前，主要应用的食品工业领域有植物精油及香味成分提取，天然香辛料、食用色素的提取，功能性油脂的提取，有害物质的分离和去除，多不饱和脂肪酸，磷脂的提取，糖及苷类的提取，生化制品的分离提取，植物中功能成分的提取等。不仅如此，该技术已在一些国外工业生产中大量使用，如德国用它提取咖啡中的咖啡因，澳大利亚用它提取酒花中的有效成分等。

（4）超高压技术。食品超高压加工技术简称超高压技术，是将食品物料或生物材料以柔性材料包装后，放入液体介质（通常为食用油、甘油、油与水的乳液）中，使用 100 兆帕以上的压力，在常温或较低温度下处理一定时间，使食品达到杀菌、灭酶及组织改性的目的的新型食品加工方法。一般情况液体或气体压力在 0.1~1.6 兆帕称为低压，1.6~10 兆帕称为中压，10~100 兆帕称为高压，100 兆帕以上称为超高压。

(5) 真空浓缩技术。真空浓缩技术是在真空条件对液体进行蒸发浓缩的一种方法。它包含一个蒸汽加热的带有冷凝器和空气泵的双底真空釜。其优点是液体物质在沸腾状态下溶剂的蒸发很快，其沸点因压力而变化，压力增大，沸点升高；压力变小，沸点降低。由于在较低温度下蒸发，同时，由于物料不受高温影响，避免了热不稳定成分的破坏和损失，更好地保存了原料的营养成分和香气。特别是某些氨基酸、黄酮类、酚、脂类维生素等物质，可防止受热而破坏。而一些糖类、蛋白质、果胶、黏液质等黏性较大的物料，低温蒸发可防止物料焦化。在食品浓缩设备中，尚有多效薄膜式浓缩设备、刮板式薄膜蒸发器、板式蒸发器、离心式薄膜蒸发器等，后三者适合于高黏度或含悬浮颗粒的果蔬汁的浓缩。

(6) 生物工程技术。生物工程技术是 20 世纪 70 年代伴随 DNA 重组、细胞融合等新技术的出现而发展起来的，是以生命科学为基础，以基因工程为核心，包括细胞工程、酶工程和发酵工程等内容，利用生物体系和工程原理，对加工对象进行加工处理的一种综合技术。由于它是在分子生物学、生物化学、应用微生物、化学工程、发酵工程和电子计算机的最新科学成就基础上形成的综合性学科，被列入当今世界七大高科技领域之一。食品生物工程技术主要是指生物技术在食品工业中的应用，包括为食品工业提供基础原料、食品添加剂、保鲜食品的功能性基料，以及在食品加工、包装、检测和污水处理等方面的应用。生物工程包括基因工程、细胞工程、酶工程、发酵工程。

(7) 冷冻干燥技术。冷冻干燥是目前应用很广的低温技术。它是将食物中的水分冻结（低温：$-100 \sim -60℃$）成冰后，在真空（高真空 $6.67 \sim 40$ 帕）下使冰直接汽化的干燥方法。其优点在于产品保持了食品原有的物理、化学、生物学性质以及感官性质，复水性好，可长期保存，且能完整地保存食品中的热敏性功能成分的生理活性。该加工方法的成本较高。

（8）挤压技术。挤压技术是利用螺杆的旋转即推进作用，使原料在机械剪切力的作用下，完成输运、混合、搅拌、流变、蒸煮成型的连续化过程后而生产新型食品的加工技术。主要特点是通用性强、生产效率高、成本低、产品形式多样、产品质量高、能效高、新型结构的产品无污染等。主要应用于早餐谷物、膨化食品、饼干、面包片、高蛋白食品、婴儿食品、糖果、果酱、变性淀粉、方便食品等。

（9）脉冲电场杀菌技术。脉冲电场杀菌技术是将食品置于两个电极间产生的瞬间高压电场中，由于高压电脉冲能破坏细菌的细胞膜，改变其通透性，从而杀死细菌。高压电场脉冲灭菌一般在常温下进行，处理时间为几十毫秒，这种方法有两个特点：一是灭菌时间短，处理过程中的能量消耗远小于热处理。二是由于在常温、常压下进行，处理后的食品与新鲜食品相比在物理性质、化学性质、营养成分上改变很小，风味、滋味无感觉出来的差异。而且灭菌效果明显，可达到商业无菌要求，特别适用于热敏性食品，具有广阔的应用前景。

（10）辐射杀菌技术。辐射杀菌（也称辐照灭菌）是利用电磁辐射产生的电磁波杀死微生物的一种有效方法。用于灭菌的电磁波有微波、紫外线、X射线、γ射线等。它们都能通过特定的方式控制微生物生长或杀死微生物。

九、农业机械技术

我国目前主要农作物的机械化技术主要包括水稻机械化生产技术、小麦机械化生产技术、玉米机械化生产技术、油菜机械化生产技术、棉花机械化生产技术、花生机械化生产技术、甘蔗机械化生产技术、保护性耕作技术、土壤深松机械化技术、高效节水灌溉技术、草原复壮机械化技术、农作物秸秆综合利用机械化技术。

第四章 农业产业政策

第一节 农业供给侧改革

经济增长有"三驾马车"之说，即投资、出口和消费。这"三驾马车"可以说是经济的主要动力，是"需求侧"。要拉动经济增长，需求必须跟上，常规的做法是增加投资、扩大出口、刺激消费。但是一味地刺激需求会加重产能过剩、造成经济结构不合理等问题。

与"需求侧"对应的是"供给侧"，如果"需求侧"改革受困，必须换新思路、用新办法，那就是"供给侧"改革。以前我国消费动力不够，靠刺激消费需求是可行的；现在有消费动力，但供给的产品却满足不了消费者的需求，如法国的红酒、韩国的彩妆、澳大利亚的奶粉……被海淘族哄抢，说明我国生产的这些产品质量不好。这就是"供给侧"出了问题。

为什么要进行农业供给侧结构性改革？

当前中国农业面临诸多矛盾和难题，如在粮食生产上呈现出生产量、进口量、库存量"三量齐增"的怪现象；农事生产还受农产品价格"天花板"封顶、生产成本"地板"抬升等因素的影响和挑战；国内外农业资源配置扭曲严重，国内过高的粮食生产成本在海外不具备竞争优势，增产越多亏损越多。

这些"病根"主要出在我国农业结构和农业政策上。供给侧结构改革要深入农业领域，就要调整农业结构以提高农产品供给的有效性，增强农业资源在市场中的配置，推动农业生产提质增效，破解中国农业发展困境。

农业供给侧结构性改革改什么？中央农村工作确定了"农业供给侧结构性改革"的大方向为"去库存、降成本、补短板"。根据中央农村工作会议精神，农业供给侧结构性改革要突出抓好六项重点任务，即调结构、提品质、促融合、降成本、去库存、补短板。

调结构。就是优化农业生产的品种结构，树立大农业、大食物观念，念好"山海经"、唱好"林草戏"，合理开发各类农业资源，统筹粮经饲发展，大力发展肉蛋奶鱼、果菜菌茶等，增加市场紧缺农产品生产，为消费者提供品种多样的产品供给。

提品质。就是着力提升农产品质量安全水平，适应消费升级的需要，大力推进标准化生产、品牌化营销，培育品牌，提高消费者对农产品供给的信任度。

促融合。就是推进农村一、二、三产业融合发展，深度挖掘农业的多种功能，把农业生产与农产品加工、流通和农业休闲旅游融合起来发展，培育壮大农村新产业新业态，更好满足社会对农业的多样化需求。

去库存。就是加快消化个别农产品的积压库存，千方百计把过大的库存量减下来，积极支持粮食加工企业发展生产，特别要加快玉米库存消化，减少陈化损失。

降成本。就是着力降低农业生产成本，通过发展适度规模经营、减少化肥农药等的不合理使用、开展社会化服务等，实现节本增效，提高农业效益和农产品竞争力。

补短板。就是大力弥补制约农业发展的薄弱环节，既要补农业基本建设之短，持续改善农业基础设施，提高农业物质技术装备水平，又要补农业生态环境之短，加强农业资源保护和高效利用，实施山水林田湖生态保护和修复工程，扩大退耕还林还草，治理农业面源污染，推动农业绿色发展。

第二节　农村惠农政策

一、粮食直补政策

粮食直补，全称为粮食直接补贴，是为进一步促进粮食生产、保护粮食综合生产能力、调动农民种粮积极性和增加农民收入，国家财政按一定的补贴标准和粮食实际种植面积，对农户直接给予的补贴。从 2010 年起，补贴资金原则上要求发放到从事粮食生产的农民，具体由各省级人民政府根据实际情况确定。2011 年，逐步加大对种粮农民直接补贴力度，粮食直补资金达 151 亿元，将粮食直补与粮食播种面积、产量和交售商品粮数量挂钩。取消以前种多少报多少补多少的原则。各省根据中央粮食直补精神，针对当地实际情况，制定具体实施办法。各省的补贴政策每年都有所调整，总体补贴水平不断提高。

(一) 补贴原则

坚持粮食直补向产粮大县、产粮大户倾斜的原则，省级政府依据当地粮食生产的实际情况，对种粮农民给予直接补贴。

(二) 补贴范围与对象

粮食主产省、自治区必须在全省范围内实行对种粮农民（包括主产粮食的国有农场的种粮职工）直接补贴；其他省、自治区、直辖市也要比照粮食主产省、自治区的做法，对粮食主产县（市）的种粮农民（包括主产粮食的国有农场的种粮职工）实行直接补贴，具体实施范围由省级人民政府根据当地实际情况自行决定。

(三) 补贴方式

对种粮农户的补贴方式，粮食主产省、自治区（指河北、内蒙古、辽宁、吉林、黑龙江、江苏、安徽、江西、山东、河南、湖北、湖南、四川，下同）原则上按种粮农户的实际种植面积补贴；如采取其他补贴方式，也要剔除不种粮因素，尽可能做到与种植面积接近。其他省、自治区、直辖市要结合当地实际，选择切实可行的补贴方式。具体补贴方式由省级人民政府根据当地实际情况确定。

（四）兑付方式

粮食直补资金的兑付方式，尽快实行"一卡通"或"一折通"的方式，向农户发放储蓄卡或储蓄存折。当年的粮食直补资金尽可能在播种后 3 个月内一次性全部兑付到农户，最迟要在 9 月底之前基本兑付完毕。

（五）监管措施

（1）粮食直补资金实行专户管理。直补资金通过省、市、县（市）级财政部门在同级农业发展银行开设的粮食风险基金专户进行管理。各级财政部门要在粮食风险基金专户下单设粮食直补资金专账，对直补资金进行单独核算。县以下没有农业发展银行的，有关部门要在农村信用社等金融机构开设粮食直补资金专户。要确保粮食直补资金专户管理、封闭运行。

（2）粮食直补资金的兑付，要做到公开、公平、公正。每个农户的补贴面积、补贴标准、补贴金额都要张榜公布，接受群众的监督。

（3）粮食直补的有关资料，要分类归档，严格管理。

（4）坚持粮食省长负责制，积极稳妥地推进粮食直补工作。

二、农资综合补贴政策

农资综合补贴是指政府对农民购买农业生产资料（包括化肥、柴油、种子、农机）实行的一种直接补贴制度。在综合考虑了影响农民种粮成本、收益等变化因素后，通过农资综合补贴及各种补贴，来保证农民种粮收益的相对稳定，促进国家粮食安全。

建立和完善农资综合补贴动态调整制度，应根据化肥、柴油等农资价格变动，遵循"价补统筹、动态调整、只增不减"的原则，及时安排农资综合补贴资金，合理弥补种粮农民增加的农业生产资料成本。农资综合补贴动态调整机制从 2009 年开始实施。根据农资综合补贴动态调整机制要求，经国务院同意，从 2009 年起，中央财政为应对农资价格上涨而预留的新增农资综合补贴资金，不直接兑付到种粮农户，集中用于粮食基础能力建设，以加快改善农业生产条件，促进粮食生产稳步发展和农民持续增收。

（一）补贴原则

应根据化肥、柴油等农资价格变动，遵循"价补统筹、动态调整、只增不减"的原则，及时安排农资综合补贴资金，合理弥补种粮农民增加的农业生产资料成本。

（二）补贴重点

新增部分重点支持种粮大户。

（三）新增补贴资金的分配和使用

（1）中央财政对各省（区、市）按因素法测算分配新增补贴资金。分配因素以各省（区、市）粮食播种面积、产量、商品等粮食生产方面的因素为主，体现对粮食主产区的支持，同时考虑财力状况，给中西部地区适当照顾。

（2）中央财政分配到省（区、市）的新增补贴资金由各省级人民政府包干使用。省级人民政府要根据中央补助额度，统筹本省财力，科学规划。坚决防止出现项目过多、规划过大、资金不足而影响实施效果等问题。

（3）省级人民政府要统筹集中使用补助资金，支持事项的选择权和资金分配权不得层层下放，以防止扩大使用范围、资金安排"撒胡椒面"等问题的发生，确保资金使用安全、高效。

（四）兑付方式

农资综合补贴资金的兑付，尽快实行"一卡通"或"一折通"的方式，向农户发放储蓄卡或储蓄存折。

（五）监管措施

（1）农资综合补贴资金类似粮食直补资金，实行专户管理。补贴资金通过省、市、县（市）级财政部门在同级农业发展银行开设的粮食风险基金专户进行管理。各级财政部门要在粮食风险基金专户下单设农资综合补贴资金专账，对补贴资金进行单独核算。县以下没有农业发展银行的，有关部门要在农村信用社等金融机构开设农资综合补贴资金专户。要确保农资综合补贴资金专户管理、封闭运行。

（2）农资综合补贴资金的兑付，要做到公开、公平、公正。每个农户的补贴面积、补贴标准、补贴金额都要张榜公布，接受群众的监督。

（3）农资综合补贴的有关资料，要分类归档，严格管理。

（4）坚持农资综合补贴省长负责制，积极稳妥地推进工作。

三、农作物良种补贴政策

所谓农作物良种补贴，就是指对一地区优势区域内种植主要优质粮食作物的农户，根据品种给予一定的资金补贴，目的是支持农民积极使用优良作物种子，提高良种覆盖率，增加主要农产品特别是粮食的产量，改善产品品质，推进农业区域化布局。

2011 年，良种补贴规模进一步扩大，部分品种补贴标准进一步提高；中央财政安排良种补贴 220 亿元，比上年增加 16 亿元。

（一）补贴范围

水稻、小麦、玉米、棉花良种补贴在全国 31 个省（区、市）实行全覆盖。

大豆良种补贴在辽宁、黑龙江、吉林和内蒙古4省（区）实行全覆盖。

油菜良种补贴在江苏、浙江、安徽、江西、湖北、湖南、重庆、贵州、四川、云南及河南信阳、陕西汉中和安康地区实行冬油菜全覆盖。

青稞良种补贴在四川、云南、西藏、甘肃、青海等省（区）的藏区实行全覆盖。

（二）补贴对象

在生产中使用农作物良种的农民（含农场职工）给予补贴。

（三）补贴标准

小麦、玉米、大豆、油菜和青稞等的补贴标准各地不一，要按各地的政策执行。

（四）补贴方式

水稻、玉米、油菜采取现金直接补贴方式，小麦、大豆、棉花可采取统一招标、差价购种补贴方式，也可现金直接补贴，具体由各省根据实际情况确定；继续实行马铃薯原种生产补贴，在藏区实施青稞良种补贴，在部分花生产区继续实施花生良种补贴。

四、推进农作物病虫害专业化统防统治政策

大力推进农作物病虫害专业化统防统治，既能解决农民一家一户防病治虫难的问题，又能显著提高病虫防治效果、效率和效益，是保障农业生产安全、农产品质量安全、农业生态环境安全的有效措施。根据国务院2011年2月9日常务会议精神，2011年中央财政将安排5亿元专项资金，对承担实施病虫统防统治工作的2 000个专业化防治组织进行补贴。

（一）补贴对象

承担实施病虫统防统治工作的 2 000 个专业化防治组织。

（二）补贴标准

平均每个防治组织补助标准为 25 万元。接受补助的防治组织应具备 3 个基本条件：一是在工商或民政部门注册并在县级农业行政部门备案；二是具备日作业能力在 1 000 亩以上的技术、人员和设备等条件；三是承包防治面积达到一定规模，具体为南方中晚稻 1 万亩以上，小麦、早稻或北方一季稻面积 2 万亩以上，玉米 3 万亩以上。

（三）补贴资金用途

补贴资金主要用于购置防治药剂、田间作业防护用品、机械维护用品和病虫害调查工具等方面，提升防治组织的科学防控水平和综合服务能力。

（四）实施范围

全国 29 个省（区、市）小麦、水稻、玉米三大粮食作物主产区 800 个县（场）和迁飞性、流行性重大病虫源头区 200 个县的专业化统防统治。

（五）补贴程序

需要补助的防治服务组织，需先向县级农业行政主管部门提出书面申请，经确认资格并核实能承担的防治任务后可享受补贴。

五、增加产粮大县奖励政策

为改善和增强产粮大县财力状况，调动地方政府重农抓粮的积极性，2005 年中央财政出台了产粮大县奖励政策。政策实施以来，中央财政一方面逐年加大奖励力度，另一方面不断完善奖励机制。2009 年产粮大县奖励资金规模达到 175 亿元，奖励县数达到 1 000 多个。2010 年中央财政继续加大产粮大县奖励力度，进一步完善奖励办法，稳步提高粮食主产区财力水平，调动其发展粮食生产的积极性。2010 年产粮大县奖励资金规模约 210 亿元，奖励县数达到 1 000 多个。2011 年中央财政安排 225 亿元奖励产粮大县，比上年增加 15.4 亿元，增幅 7%。

（一）奖励依据

中央财政依据粮食商品量、产量、播种面积各占 50%、25% 和 25% 的权重，测算奖励资金。

（二）奖励对象

对粮食产量或商品量分别位于全国前 100 位的超级大县，中央财政予以重点奖励；超级产粮大县实行粮食生产"谁滑坡、谁退出，谁增产、谁进入"的动态调整制度。

自 2008 年起，在产粮大县奖励政策框架内，增加了产油大县奖励，每年安排资金 25 亿元，由省级人民政府按照"突出重点品种、奖励重点县（市）"的原则确定奖励条件，全国共有 900 多个县受益。

（三）奖励机制

为更好地发挥奖励资金促进粮食生产和流通的作用，中央财政建立了"存量与增量结合、激励与约束并重"的奖励机制，要求 2008 年以后新增资金全部用于促进粮油安全方面开支，以前存量部分可继续作为财力性转移支付，由县财政统筹使用，但在地方财力困难有较大缓解后，也要逐步调整用于支持粮食安全方面的开支。

（四）兑付办法

结合地区财力因素，将奖励资金直接"测算到县、拨付到县"。

（五）重点规定

奖励资金不得违规购买、更新小汽车，不得新建办公楼、培训中心，不得搞劳民伤财、不切实际的"形象工程"。

六、支持优势农产品生产和特色农业发展政策

加快推进优势农产品区域布局，大力发展特色农业，是发展现代农业的客观要求，是保障农产品有效供给的重要举措，是增强农产品竞争力、促进农民持续增收的有效手段。围绕贯彻落实连续多年的中央一号文件精神，农业部加快实施优势农产品区域布局规划，深入推进粮棉油糖高产创建，支持特色农业发展。

（一）加快实施优势农产品区域布局规划

按照新一轮《优势农产品区域布局规划》的要求，突出粮食优势区建设，重点抓好优质棉花、糖料、优质苹果等基地建设，积极扶持奶牛、肉牛、肉羊、猪等优势畜产品良种繁育，支持优势水产品出口创汇基地的良种、病害防控等基础设施建设，建成一批优势农产品产业带，培育一批在国内外市场有较强竞争力的农产品，建立一批规模较大、市场相对稳定的优势农产品出口基地，培育一批国内外公认的农产品知名品牌。

（二）加快开展粮棉油糖高产创建

高产创建是农业部从 2008 年起实施的一项稳定发展粮棉油糖生产的重要举措，其关键是集成技术、集约项目、集中力量，促进良种良法配套，挖掘单产潜力，带动大面积平衡增产。这项工作启动以来涌现出一批万亩高产典型，为实现粮食连年增产和农业持续稳定发展发挥了重要作用，实现了由专家产量向农民产量的转变、由单项技术向集成技术的转变、由单纯技术推广向生产方式变革的转变。2009 年，全国 2 050 个粮食高产创建示范片平均亩产 653.6 千克，相同地块比上年增产 70.1 千克，增产效果十分显著。2010 年农业部会同财政部研究制定了《2010 年粮棉油糖高产创建实施指导意见》，粮食高产创建示范

片大幅度增加，2010年，中央财政安排专项资金10亿元，在全国建设高产创建万亩示范片5 000个，总面积超过5 600万亩，其中粮食作物4 380个、油料作物370个、新增糖料万亩示范片50个，共惠及7 048个乡镇（次）、37 688个村（次）、1 260.77万农户（次）。目标是按照统一整地播种、统一肥水管理、统一技术培训、统一病虫防治、统一机械收获的"五统一"技术路线，积极探索万亩示范片规模化生产经营模式和专业化服务组织形式，创新农技推广服务新机制，加快农业规模化、标准化生产步伐。按照《国务院办公厅关于开展2011年粮食稳定增产行动的意见》，2011年进一步加大投入，创新机制，在更大规模、更广范围、更高层次上深入推进。

（1）高产创建范围。粮食高产创建，将选择基础条件好、增产潜力大的50个县（市）、500个乡（镇），开展整乡整县整建制推进粮食高产创建试点。

（2）高产创建推进。要以行政村、乡或县的行政区域为实施范围，以行政部门的协作推进为动力，把万亩示范片的技术模式、组织方式、工作机制，由片到面、由村到乡、由乡到县，覆盖更大范围，实现更高产量。各地要因地制宜，可先实行整村推进，逐步整乡推进，有条件的地方积极探索整县推进。尤其是《全国新增1 000亿斤粮食生产能力规划（2009—2020年）》中的800个产粮大县（场）也要整合资源，积极推进整乡整县高产创建。

（3）高产创建方式。深入推进高产创建需要科研与推广结合，推动高产优质品种的选育应用、推动高产技术的普及推广、推动科研成果的转化应用。规模化经营和专业化服务结合，引导耕地向种粮大户集中，推进集约化经营。大力发展专业合作社，大力开展专业化服务，探索社会化服务的新模式。

（三）培育壮大特色产业

组织实施《特色农产品区域布局规划》，发挥地方优势资源，引导特色产业健康发展。推进一村一品、强村富民工程和专业示范村镇建设。农业部已建立了发展一村一品联席会议制度，中央财政设立了支持一村一品发展的财政专项资金，重点抓一批一村一品示范村，并认定一批发展一村一品的专业村和专业乡镇，示范带动一村一品发展。

第三节　农业保险政策

政策性农业保险是由政府主导、组织和推动，由财政给予保费补贴或政策扶持，按商业保险规则运作，以支农、惠农和保障"三农"为目的的一种农业保险。政策性农业保险的标的划分为：种植面积广、关系国计民生、对农业和农村经济社会发展有重要意义的农作物，包括水稻、小麦、油菜。为促进生猪产业稳定发展，对有繁殖能力的母猪也建立了重大病害、自然灾害、意外事故等商业保险，财政给予一定比例的保费补贴。政策性农业保险险种主要包括：

一、农作物保险

发生较为频繁和易造成较大损失的灾害风险，如水灾、风灾、雹灾、旱灾、冻灾、雨灾等自然灾害以及流行性、暴发型病虫害和植物疫情等。对于水稻、小麦、油菜等主要参保品种，各级财政保费补贴60%，农户缴纳40%。

二、能繁母猪保险

政府为了解决饲养户的后顾之忧，提高饲养户的养猪积极性，平抑市场的猪肉价格，进一步降低养殖能繁母猪的风险，政府对能繁母猪实行政策性保险制度，出台了"母猪保险"。能繁母猪保险责任为重大病害、自然灾害和意外事故所引致的能繁母猪直接死亡。因人为管理不善、故意和过失行为以及违反防疫规定或发病后不及时治疗所造成的能繁母猪死亡，不享受保额赔付。能繁母猪保险保费由财政补贴 80%，饲养者承担 20%，即每头能繁母猪保额（赔偿金额）1 000 元，保费 60 元，其中各级财政补贴 48 元，饲养者承担 12 元。

三、农业创业者参加政策性农业保险的好处

一是可以享受国家财政的保险费补贴；二是发生保险责任内的自然灾害或意外事故，能够迅速得到补偿，可以尽快恢复再生产；三是可以优先享受到小额信贷支持；四是能够从政府有关方面得到防灾防损指导和丰产丰收信息。

第四节　农业金融扶持政策

为加快发展高效外向农业，提高农业产业化水平，促进农业增效、农民增收，鼓励和吸引多元化资本投资开发农业，鼓励投资者兴办农业龙头企业，鼓励科研、教学、推广单位到项目县基地实施重大技术推广项目，国家或有关部门对这些项目下拨专门指定用途或特殊用途的专项资金予以补助。这些专项资金都会要求进行单独核算，专款专用，不能挪作他用。补助的专项资金视项目承担的主体情况，分别采取直接补贴、定额补助、贷款贴息以及奖励等多种扶持方式。

一、专项资金补助类型

高效设施农业专项资金，重点补助新建、扩建高效农产品规模基地设施建设。

农业产业化龙头企业发展专项资金，重点补助农业产业化龙头企业及产业化扶贫龙头企业，对于扩大基地规模、实施技术改造、提高加工能力和水平给予适当奖励。

外向型农业专项资金，重点补助新建、扩建出口农产品基

地建设及出口农产品品牌培育。

农业三项工程资金，包括农产品流通、农产品品牌和农业产业化工程的扶持资金，重点是基因库建设。

农产品质量建设资金，重点补助新认定的无公害农产品产地、全程质量控制项目及无公害农产品、绿色食品、有机食品获证奖励。

农民专业合作组织发展资金，重点补助"四有"农民专业合作经济组织，即依据有关规定注册，具有符合"民办、民管、民享"原则的农民合作组织章程；有比较规范的财务管理制度，符合民主管理决策等规范要求；有比较健全的服务网络，能有效地为合作组织成员提供农业专业服务；合作组织成员原则上不少于 100 户，同时具有一定产业基础。鼓励他们扩大生产规模、提高农产品初加工能力等。

海洋渔业开发资金，重点补助特色高效海洋渔业开发。

丘陵山区农业开发资金，重点补助丘陵地区农业结构调整和基础设施建设。

二、补助对象、政策及标准

按照"谁投资、谁建设、谁服务，财政资金就补助谁"的原则进行补助。例如，江苏省省级高效外向农业项目资金的补助对象主要为：种养业大户、农业产业化重点龙头企业、农产品加工流通企业、农产品出口企业、农民专业合作经济组织和农产品行业协会等市场主体，以及农业科研、教学和推广单位。

为了推动养猪业的规模化产业化发展，中央财政对于养殖大户实施投资专项补助政策。主要包括：

年出栏 300～499 头的养殖场，每个场中央补助投资 10 万元。

年出栏 500～999 头的养殖场，每个场中央补助投资 25 万元。

年出栏 1 000~1 999 头的养殖场，每个场中央补助投资 50 万元。

年出栏 2 000~2 999 头的养殖场，每个场中央补助投资 70 万元。

年出栏 3 000 头以上的养殖场，每个场中央补助投资 80 万元。

为加快转变畜禽养殖方式，还对规模养殖实行"以奖代补"，落实规模养殖用地政策，继续实行对畜禽养殖业的各项补贴政策。

三、财政贴息政策

财政贴息是政府提供的一种较为隐蔽的补贴形式，即政府代企业支付部分或全部贷款利息，其实质是向企业成本价格提供补贴。财政贴息是政府为支持特定领域或区域发展，根据国家宏观经济形势和政策目标，对承贷企业的银行贷款利息给予的补贴。政府将加快农村信用担保体系建设，以财政贴息政策等相关方式，解决种养业"贷款难"问题。为鼓励项目建设，政府在财政资金安排方面给予倾斜和大力扶持。农业财政贴息主要有两种方式：一是财政将贴息资金直接拨付给受益农业企业；二是财政将贴息资金拨付给贷款银行，由贷款银行以政策性优惠利率向农业企业提供贷款。为实施农业产业化提升行动，对于成长性好、带动力强的龙头企业给予财政贴息，支持龙头企业跨区域经营，促进优势产业集群发展。中央和地方财政增加农业产业化专项资金，支持龙头企业开展技术研发、节能减排和基地建设等。同时探索采取建立担保基金、担保公司等方式，解决龙头企业融资难问题。此外，为配合各种补贴政策的实施，各个省和市同时出台了较多的惠农政策。

四、小额贷款政策

为促进农业发展，帮助农民致富，金融部门把扶持"高产、优质、高效"农业、帮助农民增收项目作为重点，加大小额贷款支农力度。明确要求基层信用社必须把 65% 的新增贷款用于支持农业生产，支持面不低于农村总户数的 25%，还对涉及小额信贷的致富项目，在原有贷款利率的基础上，下浮 30% 的贷款利率。

五、土地流转资金扶持政策

为加快构建强化农业基础的长效机制，引导农业生产要素资源合理配置，推动国民收入分配切实向"三农"倾斜，鼓励和引导农村土地承包经营权集中连片流转，促进土地适度规模经营，增加农民收入，中央财政设立安排专项资金扶持农村土地流转，用于扶持具有一定规模的、合法有序的农村土地流转，以探索土地流转的有效机制，积极发展农业适度规模经营。例如，江苏省 2008 年安排专项资金 2 000 万元，对具有稳定的土地流转关系，流转期限在 3 年以上，单宗土地流转面积在 66.67 公顷以上（土地股份合作社入股面积 20 公顷以上）的新增土地流转项目，江苏省财政按每公顷 1 500 元的标准对土地流出方（农户）给予一次性奖励。

第五节　农业税收优惠政策

对于独立的农村生产经营组织，可以享受国家现有的支持农业发展的税收优惠政策。《中华人民共和国农民专业合作社法》第五十二条规定，农民专业合作社享受国家规定的对农业生产、加工、流通、服务和其他涉农经济活动相应的税收优惠。支持农民专业合作社发展的其他税收优惠政策，由国务院规定。

第十一次全国人民代表大会指出："全部取消了农业税、牧业税和特产税，每年减轻农民负担 1 335 亿元。同时，建立农业补贴制度，对农民实行粮食直补、良种补贴、农机具购置补贴和农业生产资料综合补贴，对产粮大县和财政困难县乡实行奖励补助。"这些措施，极大地调动了农民积极性，有力地推动了社会主义新农村建设，农村发生了历史性变化，亿万农民由衷地感到高兴。农业的发展，为整个经济社会的稳定和发展发挥了重要作用。

主要参考文献

国彩同，李安宁. 2010. 农机专业合作社经理人［M］. 北京：中国农业科学技术出版社.

河南省农业广播电视学校，河南省农业科技教育培训中心. 2016. 怎样当好农业职业经理人［M］. 郑州：中原农民出版社.

农业部农业贸易促进中心. 2016. 农产品出口企业经理人实用手册［M］. 北京：中国农业出版社.

周彦顺，陈云霞，朱江涛. 2017. 怎样当好农业职业经理人［M］. 北京：中国农业科学技术出版社.